了解狗狗的130個真心話

狗狗想的跟你不一樣！

監修 井原亮 SKYWAN! DOG SCHOOL 代表
插畫 みずしな孝之

前言

各位狗朋友們，初次見面。
相信翻閱這本書的大家，
一定或多或少有些煩惱吧？
主人不明白自己的想法？
沒辦法理解朋友的行動？
尾巴會不自覺地搖動？
請放心交給我。
就讓我來解決大家的問題吧！

傳達心意的方式、
溝通的訣竅，
還有你的身體祕密，
在本書中都會詳細說明。
請仔細閱讀、認真學習，
跟最親愛的主人一起
渡過最棒的狗狗生活。

吉娃娃老師

井原亮

請告訴我！吉娃娃老師

妳閃一邊去啦！
夏洛特♀
妳才別擋在路上咧！
桃子♀
啊……她們兩個又吵起來了……
噗助♂
沒辦法，她們互看不順眼啊……
恰皮♂
如果她們能好好當朋友就好了……
但是我們狗狗不擅長表達想法啊……
像我就很希望主人能準備好吃一點的飼料……
戈爾戈♂

大和・♂

公柴犬。有男子氣概，對主人很忠心

吉娃娃老師・♂

對狗狗無所不知的狗博士

主人根本不曉得散步時哪些地方我不想去……
縮縮縮
大和♂
被套上衣服的時候我都不知道該怎麼反應了……
文太♂
如果我們會說人話就好了……
大家都只會汪汪叫或發出咕咕聲……
呵呵……大夥們
似乎正在煩惱呢……
踏
啊──!
你是──!

恰皮・♂

公柯基。個性開朗的氣氛營造者。

噗助・♂

公玩具貴賓。最喜歡可愛的自己跟主人。

吉娃娃老師——！
讓我來解決大家的煩惱吧！
噹啷
你就果斷絕食一次看看吧！
啥——！
你把腳伸長一點堅持不走！
好——！
衣服能防蟲和防污，你把它當成主人的愛就好了！
哇啊啊
吉娃娃老師！好厲害——！
你真的什麼都知道耶——！

戈爾戈・♂

公黃金獵犬。
個性溫柔敦厚。

夏洛特・♀

母約克夏。個性強烈，
重視美感的大小姐。

那要怎樣才能不怕看醫生呢？
找到喜歡的味道的時候可以跟過去嗎？
有沒有把水變好喝的方法？
請再多告訴我們一點！
包在我身上！
接著就來一一解決大家的問題！
哇～!!
在那之前，請先告訴我們讓她們和好的方法……
啥！

文太・♂

公雜種犬。
體型龐大，但有點膽小。

桃子・♀

母法國鬥牛犬。
很會照顧人，女子力很高。

CONTENTS

1章 動作背後的意義

2章 狗狗的溝通方式

3章
狗狗的生活

4章
神祕的行動

5章 身體的祕密

6章 狗狗雜學

本書的使用方法

本書採取平易近人的一問一答方式。
由吉娃娃老師親自為大家解決疑難雜症！

給飼主的話

狗狗不用在意這段沒關係（飼主別忘了偷偷詳讀這裡的內容！）。

狗狗的疑問

舉出性格、習性等常在日常生活中遇到的疑問。

#（熱搜標籤）

記錄符合的關鍵字。可以在INDEX（188頁起）找到標籤的內容。

吉娃娃老師的回答

鉅細靡遺回答大家的問題。

更加詳細的說明！

Column

深入回答大家的疑問。有求知慾的人必讀。

也有複習測驗

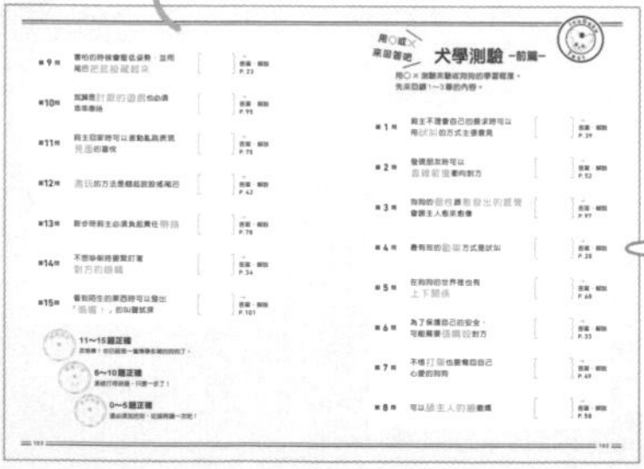

犬學測驗

前篇複習1～3章、後篇複習4～6章。想辦法拿滿分吧！

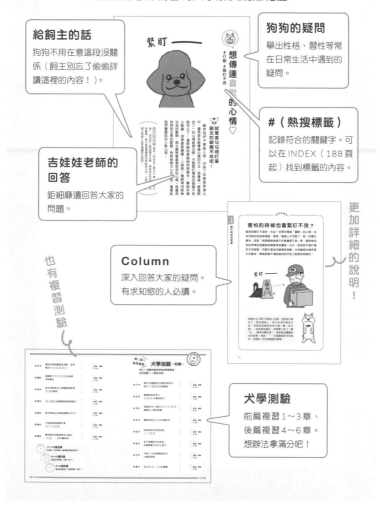

1章 動作背後的意義

為了讓對方明白自己的想法，
來學習能有效傳達心意的動作吧！

想傳達喜歡的心情♡

#行動 #緊盯不放

試著直勾勾地盯著飼主的眼睛不放吧！

雖然我們不會說人話，但除了用語言表達以外，還有很多能傳達心情的方法。想傳達「最喜歡你了」的心情給飼主時，只要緊盯著他的眼睛不放就可以了！這時候如果眼神閃閃發光、看起來滿心歡喜，效果會更棒喔！人類是一種經常用眼神交流的動物，飼主絕對會留意到你的心情。根據其他狗狗分享的經驗，有時候飼主心花怒放，還會給我們最愛吃的小點心呢！

給飼主的話 基本上狗與狗之間並不會「四目交接」，因為對上眼就像在互瞪，會被其他狗狗誤以為有敵意。飼主能像這樣跟我們眼神交流，正是彼此之間已經建立起信賴關係的證明。

Column

害怕的時候也會緊盯不放？

當狗狗緊盯不放時，未必一定是在傳達「喜歡」的心情，也有可能包含負面情緒，像是「這個人太可疑了，我一定要盯著他」或是「移開視線後搞不好會遭遇不測」等，這時候狗狗的表情和身體通常會變得很僵硬。此外，若狗狗不是盯著對方的眼睛，而是盯著他的腳邊或身體，也有極高的機率是正在警戒，畢竟跟摸不清底細的對手對上眼是很危險的！

前陣子主人帶了可疑的人回家，我因為太害怕了，想先發制人，所以死命盯著他不放，沒想到他竟然突然大喊一聲「好可愛！」然後朝我逼近，我趕緊大吼了一聲「汪！」讓他知難而退。一想到被他襲擊成功的後果，我就……。仔細觀察對手的動向，的確是一件非常重要的事情。

就是想要有人陪伴呀♡

#行動　#抬起前腳

試著把前腳放在主人的膝蓋上

你說什麼？主人竟然把你拋在一旁自己跑去收衣服？這可不行呢。為了讓主人知道你希望有人陪伴，試著把前腳放到他的膝蓋上吧！這個動作就像在跟飼主撒嬌說「陪陪我嘛♡」，別忘了同時擺出惹人憐愛的表情。擅長撒嬌的狗狗會一邊叼著玩具一邊抬起前腳，聽說有些狗狗還會把下巴放在飼主的膝蓋上，而這些動作通常都能得到爆炸性的效果……。

給飼主的話　從過去的經驗上來看，當狗狗學會了「想要主人陪伴的撒嬌方法」後，就會重複做同樣的動作。每隻狗狗都有一套自己的撒嬌方式，飼主不妨多加留意。不過，當狗狗興奮過頭的時候，還是要先等牠冷靜下來再陪牠玩。

總是跟在主人的背後跑……

#行動 #跟在身後

看不到主人的身影就會感到不安

原來如此，你現在覺得十分不安，想要寸步不離黏在主人身邊，原因可能是有陌生人來家裡，或是附近有可怕的東西。總之，先請主人消除掉這些會讓你覺得不安的要素吧，畢竟累積太多壓力有害無益啊！只要一直跟在主人背後，他就會關心你「是不是發生什麼事了」，並且感受到你想表達些什麼。接著就只希望主人能留意到讓你心神不寧的元兇了……。

給飼主的話 當狗不安到一直跟在你身後時，最好先帶牠到安心的場所避難，像是狗籠（86頁）等能放心休息的場所。有些狗狗即使待在室內，也會因為能自由活動的空間太大而感到不安。

Column

你與飼主的關係診斷

用10個問題診斷出你跟飼主對彼此的想法。請回想每天的生活和飼主的態度，在符合的項目內打勾。

確認 1

自己平常……

- ☐ 散步時會走在飼主旁邊
- ☐ 會乖乖聽從飼主的指示
- ☐ 最喜歡抱抱
- ☐ 待在飼主身旁會覺得安心
- ☐ 能跟飼主眼神交流

確認 2

你的飼主……

- ☐ 一叫就會馬上過來
- ☐ 每天都會帶你去散步
- ☐ 能下達明確的指示
- ☐ 知道你喜歡的食物和遊戲
- ☐ 總是把你擺在第一順位

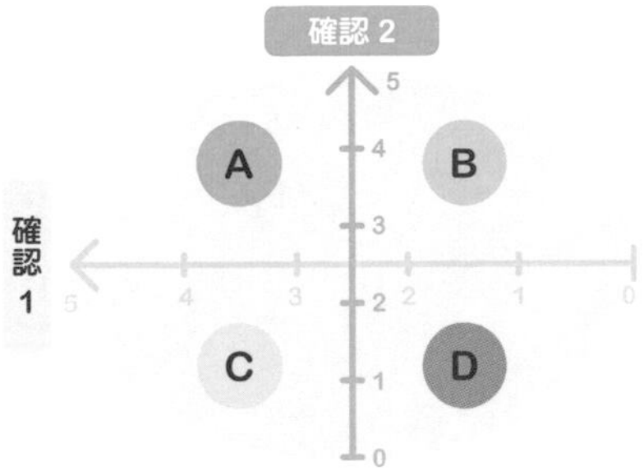

從確認 1 和確認 2 項目中的✔數診斷你跟飼主的關係！

確認 1 ＿個

確認 2 ＿個

給各類型的建議

A 相親相愛

你們是相親相愛的代表！你無條件信任自己的飼主，飼主也總是把你的事情放在第一順位。不過，你的飼主似乎有點太熱衷訓練了，小心不要因為過度訓練讓你累積太多壓力。

B 飼主的愛比較強烈

你把飼主當成家人一樣信任，但飼主對你的感情似乎更勝一籌，說不定你有點冷漠的態度正讓飼主感到難過呢。就算只是默默黏在飼主身邊，也能讓他覺得很開心喔。

C 你的愛比較強烈

你超級喜歡飼主，但飼主似乎採取放任態度，想辦法用各種手段讓飼主多多關心你吧！讓飼主親眼看到你完美達成訓練的模樣，說不定會對你刮目相看喔。

D 互不關心

現階段你跟飼主就像打過照面的鄰居而已，彼此之間還不熟悉。既然要一起生活，就必須學會跟飼主交流。不妨試著增加一起玩耍的時間，努力瞭解對方吧！

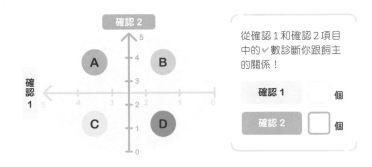

大家快看我～！

#行動 #蹦跳 #雙腳走路

要不要試著在圍欄裡蹦跳呀？

吸引飼主注意的方法有很多，最常聽到的實際經驗是「在圍欄裡蹦跳後主人就來關心我了」，還有狗狗表示：「我只用後腳站立，結果主人超級激動，還誇我『好厲害』呢」。因為我們平常都用四隻腳走路，所以不管是只用後腳站立還是蹦跳，都會讓飼主驚呼連連，我們也能藉此緊緊抓住飼主的目光。如果做得好的話，還有機會被放出圍欄呢！

給飼主的話 當狗狗像是想張望什麼而跳起來時，其實是希望「主人能看看自己」。當狗狗明白這個動作能得到矚目後，就會重複做同樣的動作，趁狗狗還沒開始蹦跳前趕緊陪陪牠吧！

請饒了我吧……

#行動 #藏屁股

用尾巴藏住屁股，擺出趴臥的姿勢

惹飼主生氣的時候，或是有討厭的狗步步逼近的時候，藏住屁股就像在懇求說「快住手！」。詳細原因後面會再說明（40頁），簡單來說，狗狗的屁股隱藏著大量的私人情報，是狗狗最大的弱點。用尾巴緊緊保護住屁股，表現出不希望被聞的決心。在人類的世界裡有一句俗話是「藏頭露尾」，但對我們來說，最重要的是先把屁股藏好。

給飼主的話 狗狗只有在相當恐懼的時候才會像這樣藏住屁股，為了避免狗狗擺出這種姿勢，不管玩耍還是訓練都要讓狗狗開開心心的（73頁）。此外，當狗狗對其他狗狗擺出這種姿勢的時候，請務必馬上出面解決問題。

那隻狗是不是特別顧慮我？

#行動 #討好的笑

露出討好的笑容和平相處吧

有些狗狗你雖然不討厭，但會特別顧慮，畢竟沒人能保證雙方接觸後不會吵起來。面對這些狗狗時，最好的方法就是露出討好的笑容和平共處。具體來說，我們可以稍微揚起嘴角，嘿嘿地笑。這種笑法不會讓對方感到不愉快，是狗狗特有的體貼行為。相反地，當你的好朋友對你露出這種表情時，就要特別注意了，因為你可能在不知不覺中成為人家顧慮的對象了……。

給飼主的話 狗狗想表達開心的情緒時，通常會用尾巴的動作來表示（137頁）。也就是說，就算臉上帶著笑容，但尾巴一動也不動時，就非常有可能是在陪笑！我們自己不太會表達這種情緒，如果飼主能注意到就好了。

應該還有更好吃的東西吧？

#行動 #不吃飯 #絕食

果斷絕食！少吃一餐不會少一塊肉

嗯，主人捨不得給你吃好料的，但你念念不忘前陣子的雞柳條大餐……。這種時候就直接絕食抗議吧！你覺得如何呢？完全不碰普通的飯菜，表現出「我只要吃好吃的東西」的堅決態度，接著就跟主人比賽看誰忍得久了。反正少吃一兩餐也不會少一塊肉，而且如果忍一下就能吃到大餐，何樂而不為呢？

給飼主的話 除了絕食以外，飼主也要注意「不要一直把食盆放在外面」，因為這也有可能會導致狗狗不吃東西喔！就算還有剩飯，也要在固定時間把食盆收走，讓狗狗養成「只有在放飯時才能吃東西」的習慣。

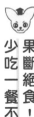

總覺得好想撒嬌呀♡

#行動 #把身體黏過來

把身體的一部分黏在主人身上，讓主人注意到自己想撒嬌！

相信大家應該都有突然想撒嬌的經驗吧？不用覺得「自己已經是大人了」而感到害臊，因為幾乎所有的飼主都喜歡狗狗撒嬌。想撒嬌的時候可以把屁股黏到飼主身上，或是在飼主的腳邊磨蹭，讓他知道自己正在撒嬌喔。我們可愛又認真的模樣，肯定能把主人迷得團團轉！做得好的話，或許還有機會得到比平常還多的摸摸獎勵呢。

給飼主的話 有些飼主發現狗狗把屁股朝向自己，會誤以為「狗狗不想看到自己的臉」，其實正好相反。狗狗把屁股朝向飼主，是一種信賴的表現喔！

Column

獨家訪問

我就是用這種方法攻陷主人的！

我每次想跟主人撒嬌，都會積極表現出「快摸摸我嘛～♡」的模樣。如果主人坐在沙發上休息，我會趁機把身體鑽到他的手下，催促他趕快摸摸！這樣主人就不得不摸摸我了吧？我認為攻略主人的最大祕訣就是要積極喔。

玩具貴賓
噗助先生

柯基
恰皮先生

我的主人很喜歡看書，而且他每次一看起書來就不理我了，害我好無聊～有一天我發現了一個絕招，只要在主人看書的時候擋住他的視線就好了！稍微用力鑽入主人的手中，他就會闔起書本跟我玩了，作戰大成功！

人類的爭吵真讓我看不下去！

#行動 #勸架

大膽站出來，勸人類不要再吵架了

哎呀？主人們正在互相叫囂，緊張的空氣連我們都感受到了。啊啊，真討厭。受不了這種緊張感的時候，就大膽跳到兩人的中間吧！擺出無辜的表情飛奔過去，看吧，氣氛沒那麼沉重了。這種方法不只適用於人類，也適用於狗狗之間的爭吵。話說回來，人類還真愛吵架呢，同樣的事情我們都一次決勝負就解決了，人類為什麼一件事要吵那麼多次呢……。

給飼主的話 狗狗是和平主義者，跳入雙方之間是狗狗特有的勸架方式。我們會用自己的方法緩和緊張的空氣感。此外，由於我們對一觸即發的緊繃空氣相當敏感，因此就算雙方只是在冷戰，我們也有可能會跳出來當和事佬。

主人的眼睛裡流出有味道的水……？

#行動 #舔眼淚

這叫做眼淚。舔掉眼淚之後主人就會露出笑容囉

你把從主人臉上流出來的水舔掉後，就得到摸摸獎勵了？真是發現了一件好事呢。人類是不可思議的生物，沮喪時可能會從眼睛裡流出水來，這種水叫做「眼淚」。我們狗狗在好奇時習慣先舔一舔確認，只要順從這種本能，就能讓主人立刻眉開眼笑，然後就會摸摸或抱抱我們……。沒錯，只要把眼淚舔掉就能得到獎勵喔！雖然可能會有點鹹鹹的，但還是忍耐一下努力舔乾淨吧！

給飼主的話 雖然在狗狗的世界中沒有「安慰」的概念，但看到飼主落寞的模樣，狗狗也會感受到「主人跟平常不太一樣」。因此，「難過的時候愛犬會安慰我」的想法，也不見得是錯誤的喔。

我不曉得該怎麼做才好了啦！

#行動 #眼角下垂

垂下眼角，擺出困惑的表情

皺起眉頭，眼角下垂的你，絕對正感到困擾吧！咦？聽不懂主人的指令，不曉得下一步該怎麼做才好？沒關係，就用這個表情盯著主人吧，他會明白你的無奈的。當主人給你難題的時候，也可以露出「不要這樣啦～」的表情眨眨眼睛。哎呀，看到你的表情後，連主人也開始困惑起來了呢，你們現在的表情可真像！

給飼主的話 想教狗狗正確的動作時，即使狗狗做錯也不要大聲怒斥，而是要在做出正確動作時給予大量獎勵。讓狗狗學習到「做正確動作就會有好事發生」，如此一來，以後就算不下達指示狗狗也會正確行動。

Column

可以這樣傳達心情

面對語言不通的飼主時，這些方法能有效表達我們的意見，記得在日常生活中多多實踐。

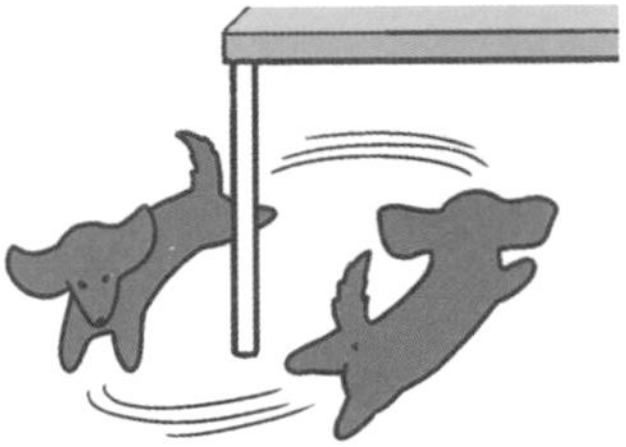

Case 1

我想要多多運動！

運動量不足容易累積壓力。可以在桌子旁邊繞圈圈跑來跑去，也可以試著亂咬傢俱。如果能讓主人感到困擾，效果會更棒。

Case 2

食盆很難進食

把食盆裡的飯全部翻倒。雖然第一次可能會挨主人罵，但只要重複翻倒幾次，主人一定會感受到你對食盆的不滿。

Case 3

身體不太舒服……

身體不舒服時最好安靜休養。減少活動量，找個安心的地方好好休息。若手或腳受傷，走路時盡量不要對患部造成負擔。

其實我不喜歡抱抱

#行動 #低吼

發出「咕嗚」的聲音是明確的「厭惡」表現

有些狗狗喜歡抱抱，有些狗狗討厭抱抱。動彈不得的狀態會讓動物產生危機感，還會覺得渾身不自在。說起來，以前玩具貴賓花花小姐就曾抱怨過：「主人的抱法很不穩，好可怕。」不過，如果讓主人抱抱後能得到獎勵，那忍耐一下也無所謂，像柴犬小空先生就只有在被討厭的人抱抱時會抗議而已。像這樣發出不滿的聲音，主人就會知道你討厭抱抱了。

給飼主的話 說實在話，「抱抱也是需要付出代價的」。在抱抱的時候給小點心，讓狗狗清楚明白「抱抱時會有好事發生」，久而久之，狗狗就會學習到「抱抱＝好事」了。

人類的手好可怕……

#行動 #咬

為了保護自己的安全，有時候必須一鼓作氣用力咬下去

確實，用力壓制我們的身體、硬抓住我們，做出這些討厭的事情的壞蛋，都是人類的「手」。我能理解大家害怕手的原因。即使是最喜歡的主人的手，有時候為了保護自己的安全，也不得不一鼓作氣用力咬下去……。

不過，請大家睜大眼睛看清楚，會給我們美味點心的，不也是同一雙手嗎？像這樣往好處想，慢慢習慣主人的手吧。

給飼主的話 當愛犬害怕你的手時，可以先試著用手餵食，如果不敢直接徒手，也可以讓狗狗看到你用手把食物放進食盆的樣子，讓狗狗產生「手＝好事」的聯想。

強迫我四目相接

#行動 #避開視線

就是因為不想發生爭執，所以才把視線移開的啊……

在狗狗的世界中，眼神相交等於拉響了吵架的警報，為了避免發生爭吵，最有禮貌的方法就是移開視線。然而，人類總喜歡跟我們四目相接。我已經跟人類一起生活很長一段時間，早已經習慣跟主人四目相接了，但被罵的時候還是會因為不想吵架而挪開視線，這種本能實在很難改過來啊～當飼主逼迫你看著他的眼睛時，我們還是默默地把視線移開，秉持著「和平共處」的精神吧。

給飼主的話 對我們狗狗來說，「四目相接＝吵架」已經是一種生活常識，若飼主在訓斥時盯著狗狗的眼睛，其實不會有太大的效果。話說回來，當狗狗做錯事時本來就不應該一味地謾罵，而是要教導正確的行動，下次才有辦法改正。

我不想走了！快抱我！

#行動 #停住不動

停住不動，開始撒嬌吧

「散步」明明是「慢慢走很多路」的意思（↓好像不太對），你卻要求主人抱抱，真是個愛撒嬌的孩子呢～想明確傳達「不想走路」的心情時，當場「停住不動」能得到最好的效果。我自己在害怕或不想回家時也會這麼做喔！但必須留意的是主人會用點心誘惑我們，吃幾次點心以後，可能就會在不知不覺中回到家裡了……。很嚇人對吧！如果只是想讓主人抱抱，就堅持一動也不動吧！

給飼主的話 如果每次都把狗狗抱起來，狗狗會變得愈來愈不喜歡走路，畢竟視線高一點比較安心，還能遠離可怕的東西。不過，散步能有效刺激各種不同的感覺，所以自己走路還是很重要的。俗話說愛他就要讓他出門旅行（散步）！

中場休息

禮讓精神

不期而遇
要自我介紹才行……
自我介紹就是聞對方屁股的味道……
屁股
屁股
屁股
屁股
兩邊都追不到

總是我的勝利

好想撒嬌
好想撒嬌
反正就是好想要撒嬌……
想撒嬌的時候把部分身體黏過去準沒錯！
對了！
塑膠袋
海苔罐
果然還是主人最棒了

2章

狗狗的溝通方式

確認狗狗跟飼主和狗夥伴
溝通時的重點！

想拜託主人的時候該怎麼做呢？

#叫聲 #哼哼

「哼哼♡」像這樣發出可愛的聲音撒嬌吧

想跟飼主撒嬌或是有什麼要求時，可以用高亢微弱的鼻音嗚叫，就像小狗經常發出的「哼哼」聲一樣。當我們聽到小狗發出這種聲音時，都會忍不住「想幫他們做點什麼」，這對人類來說也不例外。小狗的可愛程度無人能敵，只要像這樣撒嬌，人類就會邊喊著「怎麼啦～？」邊為我們做牛做馬。試著低頭睜大眼睛看主人，效果會更好喔！

給飼主的話 發現這個作戰成功時，我們會感到無上的喜悅，而後便會重複做同樣的動作。「昨天明明很成功，今天怎麼失敗了」這種狀況會讓我們感到混亂，請飼主務必保持一貫的應對態度。

主人根本不理會我的要求！

#叫聲 #汪汪

提高音量不停吠叫吧

飼主不理會你的「哼哼」聲？原來如此，那就用更直接的方式拜託吧！朝著飼主連續「汪汪汪」地吠叫，這樣他肯定會注意到「你有想說的話」，這時候再趁機把食盆或牽繩推到他的眼前，他應該就會明白你的需求了。如果做到這個地步飼主還是不聞不問，代表他不同意你的要求，這時候繼續哀求，也許能讓他心軟，但如果他完全無視你，那還是摸摸鼻子放棄吧。

給飼主的話 有時候飼主會叫狗狗「不可以亂吠」，但狗狗聽不懂這句話的意思，反而還會以為「飼主給回應了」而感到開心。因此，不同意的時候乾脆完全無視，這樣狗狗才會放棄。

一定要自我介紹！

#行動 #聞屁股的味道

互相聞屁股的味道……

咦？散步時遇到不認識的狗狗？應該是新來的吧？這時候就用我們的社交手段「聞屁股的味道」來打招呼吧！只要聞聞從肛門腺發出的味道，就能得知對方的性別、年齡、是否正在發情等完整資訊，就像交換名片一樣方便呢！身為前輩的你，先大膽地去聞對方的屁股吧！如果對方乖乖讓你聞，正是他釋出善意的表現，接下來也讓他回聞你的屁股。就這樣，兩隻狗狗成為能聊天打屁的朋友了！啊，這可不是在說冷笑話喔。

給飼主的話 這種「交換名片」的動作是我們狗狗會自主採取的溝通方式，飼主完全不需要介入。絕對不可以勉強愛犬聞其他狗狗的屁股，或是把愛犬抱起來不讓其他狗狗接近喔！

Column

來聞聞人類的味道吧！

用聞味道的方式來瞭解對方，並不僅限於狗與狗之間，我們狗狗的靈敏鼻子，能透過味道判斷飼主和其他人類有沒有敵意。「這個人……之前好像有見過……？」碰到這種情況的時候，建議大家先聞聞腳的味道，因為腳的味道比較重，而且離我們比較近。

說是這麼說，還是要懂得適可而止喔。我有一次拼命聞初次見面的人的腳，就被主人斥責說「這樣很沒有禮貌」，但我明明只是在確認對方有沒有敵意而已。真討厭，我永遠無法理解人類世界的禮儀啦！

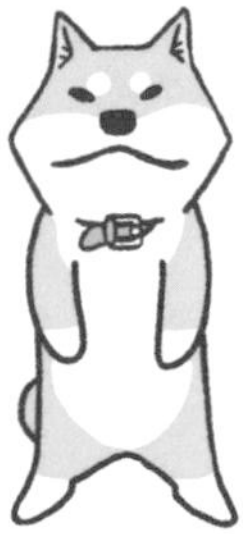

想邀人一起玩有什麼技巧嗎？

#行動 #邀玩動作 #搖尾巴

把屁股翹高高，左右搖晃尾巴

當狗狗玩心大開時，會忍不住想朝對方飛撲過去，不過，這種飛撲動作容易讓對方誤以為「想吵架」，導致對方嚴陣以待。玩耍跟吵架只有一線之隔，為了避免產生誤會，我們一定要搶先發出「玩耍訊號」，像這樣翹高屁股，輕快地搖動尾巴，刺激對方的玩心。咦？你說你想跟主人玩？這個動作人類應該也看得懂啦，但這種事情怎麼會是狗狗主動要求主人呢……。

給飼主的話 人類將這個動作稱為「邀玩動作」。雖然狗狗也有可能會對主人做出邀玩動作，但玩耍時間還是由主人決定比較好，這樣才能建立起更親密的關係。但說老實話，我們還是希望主人能陪我們玩到沒餘力主動邀玩啊……。

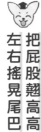

再多摸我一點！

#行動 #四腳朝天

「四腳朝天」撒嬌吧

仰躺露出肚子的姿勢，在人類世界中稱為「四腳朝天」。大膽露出弱點「腹部」，是只有在信賴對象面前才會擺出的姿勢，而且能得到絕佳的效果！主人肯定會邊喊著「好可愛～♡」邊摸摸我們。除了撒嬌以外，做壞事被發現的時候也可以用這個姿勢蒙混過關，多麼強大啊！這真是個在任何場面都能派上用場的萬用姿勢呢。

給飼主的話 如果飼主每次都能回應我們的要求，我們也會覺得很幸福。不過，腹部本來就是極為脆弱的部位，一定要溫柔撫摸才行喔！這樣我們才敢安心露出肚肚。

附近還住著哪些狗朋友呢？

#行動 #做記號

確認分布在附近各處的「放置型名片」

這次來解決新朋友的煩惱吧！若想收集附近狗狗的情報，可以在散步時四處聞味道，嗅嗅沾在電線桿、牆壁、樹幹上的尿液……這些味道都是附近狗狗留下來的放置型「名片」，我們能藉此獲得等同於「聞屁股味道」（40頁）的情報。飼主們將這種放置型名片稱為「做記號」，對我們來說這些尿液的確是「我曾經來過這裡」的記號，用「做記號」來稱呼確實滿貼切的呢。

給飼主的話 飼主常認為我們在同樣的地方尿尿是在「占地盤」，但對我們來說，這只是讓其他狗狗知道「這裡我有在用」的記號罷了，跟飼主所想的「占地盤」其實不太一樣。

Column

散步不等於上廁所！

趁散步時在晴空萬里的好天氣之下尿尿，超舒爽吧！而且在戶外排泄也不怕弄髒家裡的廁所，但這個習慣其實隱藏著意外的風險。你是否在不知不覺間有了「散步＝上廁所」的認知呢？若養成邊散步邊排泄的習慣，可能會變得不喜歡在室內上廁所，這是個相當嚴重的問題。若遇到下雨天等無法出門散步的日子，或生病、上了年紀無法外出時，都會非常麻煩。

我乖乖聽主人的話，散步前一定會先在家裡的廁所解決，如果不先上完廁所，主人就不帶我出門。一開始我很困惑主人為什麼要這麼做，但他果然是為了我好啊。

好在意主人的衣服

#行動　#咬衣襬

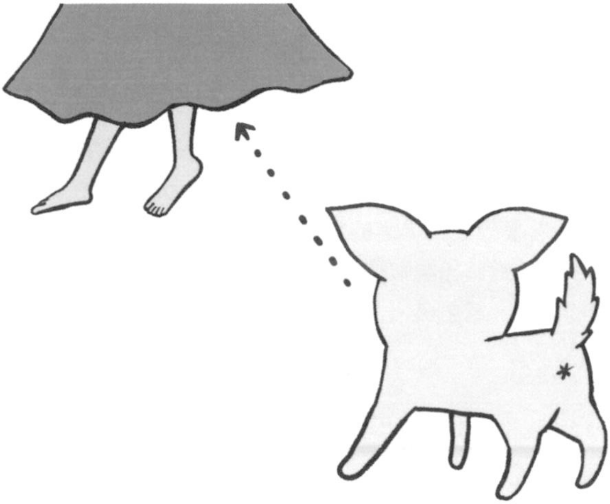

咬住衣襬往下扯，說不定主人就會陪我玩了

你對隨風飄動的衣襬感到很好奇對吧？我懂你想張嘴咬咬看或追著跑的心情，這時候只要順從本能盡情玩耍就可以了。咬著衣襬左右甩來甩去，衣襬還會纏在臉上，超好玩喲！嘴上喊著「快放開」的主人，也有可能會一起加入這場拉鋸戰。話說回來，「咬」這個動作能刺激我們的本能，真的很有趣呢！一不小心就欲罷不能了。

給飼主的話 看到好奇的東西就想咬是我們的本能，希望飼主能睜一隻眼閉一隻眼，如果真的有不想被咬的東西，可以噴上狗用的苦味防咬噴霧，我們受不了這種苦味，絕對不會再去咬第二次。

一緊張背後的毛就會豎起來

#身體 #毛豎起來 #興奮

亢奮時身上的毛就會自動豎起來

當你進入興奮或緊張狀態時，背後和屁股的毛就會豎起來對吧？我懂、我懂。我很膽小，看到陌生的事物時身上的毛也會立刻豎起來，所以跟其他狗狗初次見面時，對方一眼就能看出自己正在緊張，超丟臉的！但這種現象並不是我們能控制的，這時就很羨慕長毛犬，不管毛有沒有豎起來都看不太出來。不過除了害怕的時候以外，玩耍時我們背上的毛也有可能會豎起來喔。

給飼主的話 當我們在初次見面的狗狗面前豎起毛時，代表恐懼心勝於好奇心。飼主可以想辦法拉近雙方的距離，但當我們很明顯不願意靠近對方時（77頁），飼主絕對不能強迫我們縮短距離。

跟不合的狗狗一觸即發……

#身體 #垂下耳朵

請不要太在意表現在臉上的厭惡心情

狗與狗之間也有契合度，我們跟某些狗狗就是合不來，但這並不代表可以隨便吵架，而是要稍微禮讓對方，表現出井水不犯河水的態度。像這樣把耳朵垂下來，強調「我不想跟你吵架」，低頭睜大眼睛，確認對方的想法。雖然厭惡的情緒會寫在臉上，但還是希望對方不要太在意。其實只要趕快離開這個是非之地就沒事了，無奈自己被牽繩拉住，沒辦法自由活動。主人啊，快發現吧……。

給飼主的話 狗與狗之間陷入緊張氣氛時，大多正受到牽繩牽制，或被關在狗狗園地的柵欄裡等，幾乎都是無法憑自我意識逃離的時候。因此，當飼主發現有一隻狗狗垂下耳朵求救時，一定要盡快將牠帶離現場。

心儀的對象要被搶走了！

#行動 #吵架

是男人就不要輕易放棄！不惜打架也要抓住她的心

雖然我們秉持著以和為貴的精神，但若跟女孩子或食物扯上關係，難免還是得挺身戰鬥，畢竟這兩者都是生存（留下後代）的必要關鍵。面對這場賭上生命的戰鬥，絕對不能退縮！把背上的毛豎起來，讓身形看起來更壯碩，展現出你的雄壯威武吧！你看，連主人也在大聲為你加油……，不，好像沒有，是我誤會了呢。他默默拉開了你們之間的距離，只好下次再找機會決勝負了。

給飼主的話 到公園或狗狗園地等有大量狗狗聚集的地方時，絕對不能讓愛犬離開你的視線。發情中的狗狗容易跟其他狗吵架，應避免踏入這些地方。有些狗狗在結紮後就不會這麼血氣方剛了。

不小心惹朋友生氣了……

#狗與狗 #惹毛人家了

下次見面時一定就能和好了

什麼什麼？你惹朋友生氣了？朝對方飛撲過去後，他竟然露出凶狠的表情大聲吠你。沒關係，不用擔心。朋友之所以會生氣，是因為你突然撲過去嚇到他了。被兇過一次後，應該能讓你掌握適當的距離感，下次見面時就能好好溝通了。朋友應該也不像你想的那麼在意，下次見面時再有禮貌地打招呼吧！

給飼主的話 只要不是打架打到受重傷，狗狗之間的友情都還有機會修復（參考左頁）。不過，飼主絕對不能有「和好＝一起玩耍」的想法，就算只是「保持和平共處的關係」，也已經算是和好了。

Column

我們還能和好嗎？

前面也曾數度提及，我們狗狗是天生的和平主義者，會盡量避免衝突，但難免還是會遇到只能靠拳頭解決的狀況，例如在49頁提到的，跟食物或女孩子扯上關係的時候。遇到這類狀況時，狗狗通常會打得很激烈，戰況激烈到用「亂鬥」來形容也不為過。狗與狗一旦打起架來，基本上很難重歸舊好，今後還是不要再跟曾打過架的狗狗見面比較保險。

我天生就是和平主義者，但也曾遇過不認識的狗狗突然想找我打架。我明明長得這麼平易近人。這時候我會低下頭，表現出「我不想吵架」的態度。對方如果能直接離開就好了，我實在是不想跟人家發生衝突啊……。

要怎麼做才不會被討厭？

#狗與狗 #識相

不識相的狗狗會被大家討厭

在我們狗狗的社會中，有幾個行為是很失禮的，例如：跟其他狗狗走在同一條直線上、搶奪其他狗狗的飯菜或玩具等。當然，突然朝人家飛撲過去也是不對的喔。如果常常做這些失禮的行為，可能會被大家貼上「不識相的狗」的標籤，遭到大家唾棄。出門看到朋友時，記得像畫弧線一樣慢慢接近，小心不要嚇到對方。

給飼主的話 被牽繩拴著的狗狗無法隨意離開現場，可能會在其他狗狗逼近時感到壓力。發現狗與狗之間在交流時，飼主一定要特別留意。此外，當自家愛犬試圖接近其他狗狗時，也別忘了知會對方的飼主一聲喔。

想跟對方抗議時該怎麼辦？

#行動 #齜牙咧嘴

露出牙齒，擺出凶狠的表情

討厭被剃毛，在拼命忍耐的過程中忍不住齜牙裂嘴，主人就停下手中的動作了。你有沒有過這種經驗呢？大多數的人類看到我們擺出這種表情時，都會擔心「該不會想咬我吧？」，因此能達到絕佳的嚇阻效果。這個經驗讓我學習到，想跟人類抗議時，用這個表情嚇唬他就好了。或者也可以皺起眉頭，瞇起雙眼，露出超級不爽的表情。大家一定要試試看！

給飼主的話 雖然這個表情看起來超有魄力，也超級嚇人，但絕非在嚇阻對方，只是有點激烈的「厭惡」表情罷了，完全沒有要發動攻擊的意思。請不要誤以為我們沒耐心一下子就想找人吵架喔！

被吠了……我做了什麼嗎？

#狗與狗 #被其他狗吠叫

你是不是跟人家四目交接了呢？搞不好被誤會想吵架

散步時被擦身而過的狗狗吠了……說不定是因為對方誤以為你想跟他吵架。就算是好鄰居，也絕對不能輕易跟人家對上視線。不亂看對方、安安靜靜地從旁邊走過去，才是有禮貌的行為。

不過，你被吠了以後，竟然沒有吠回去，這點很值得嘉獎呢！如果忍不住回吠，說不定真的會吵起來了。喜歡和平的狗狗，遇到這種狀況請無視就好了。

給飼主的話 散步中遇到其他狗狗時，飼主得想辦法讓愛犬把注意力集中在自己身上，像是在遇到其他狗狗時給個小點心，這樣應該不錯吧？這麼做不僅能轉移狗狗的注意力，還能讓牠加倍開心！簡直是一石二鳥！

有可疑的人喔！

#叫聲 #汪汪汪汪！

這個人是不是改變形象後的飼主呢？

別急！別急！快冷靜下來！雖然你叫到聲嘶力竭，但這個人並不是什麼可疑的人喔！他是剛從美髮店回家的飼主。你說外型和味道都跟平常不同所以分不出來？嗯，這也不怪你啦。保護家人是狗狗自古以來的使命，發現可疑的人時，一定要用低沉的聲音「汪汪汪汪！」地大聲警戒。

……以上只是場面話，其實你單純是因為害怕才叫成這樣的吧？這樣也沒關係的喔。

給飼主的話 狗狗用低沉的聲音接連吠叫，是想表示「好可怕，不要靠近我」。其實原本在開始吠叫前，我們還能看到狗狗躲在飼主身後垂下耳朵或尾巴的緊張模樣，可惜這次被吠的對象竟然就是飼主本人……。

不知道該如何跟其他狗狗相處

#狗與狗 #相處方式

總之先交一隻能敞開心胸的狗朋友吧

基本上狗狗都是在與父母、兄弟玩耍的過程中學習人際交流，不過，在現代社會中，有愈來愈多狗狗跟你一樣從小就沒有跟其他狗打交道的經驗。一開始或許會有些手足無措，但不用太緊張，先交一隻能敞開心胸的狗朋友吧！散步時見面機會比較多的鄰居會是不錯的選擇。若想跟鄰居打好關係，不妨利用效果絕佳的「放置型名片」（44頁）。

給飼主的話 在狗狗的社會化養成過程中，跟其他狗的交流是個非常重要的環節。飼養幼犬時，應盡量在其生後三～六個月間找機會跟同月齡的小狗交流。若是成犬，一般認為跟差三～五歲的狗狗在一起比較不容易發生爭執。

Column

\ 年齡別 /

第一次跟其他狗狗親密接觸

接著來為想跟其他狗狗親密接觸的朋友們，解說各年齡層狗狗的交流方式。

生後3～6個月

天不怕地不怕的時期，最適合跟其他狗狗交流，融入狗狗的社會。建議飼主可以帶幼犬參加小狗派對等適合幼犬學習社交的活動。

1～6歲

不要一次交一大群朋友，先跟一隻狗打好關係就好了。若結交到能一起散步的好朋友，交流的範圍也會變得更廣喔。

7歲～

個性變得沉著穩重，比較容易接納其他狗狗。跟年輕的狗狗交流還能激發出狗狗的幹勁。

狗狗為什麼會想要舔人類的臉？

#狗與人 #舔臉

這是幼犬時期撒嬌要食物的慣性動作

我們在幼犬時期，會習慣舔媽媽的嘴邊，像是在跟媽媽撒嬌說「快給我飯飯吃～」。對我們來說，飼主就像媽媽一樣的存在，可以像幼犬時期一樣毫不避諱地大肆撒嬌！舔嘴邊是小狗想拜託母狗吐出飼料時會做的動作，跟飼主撒嬌時也可以舔舔他的嘴邊，這樣他可能會以為「我們把他當成媽媽」而感到開心。

給飼主的話 有時候狗狗舔人臉只是單純好奇臉上的食物或化妝品的味道。如果太放縱狗狗，牠甚至有可能跑去舔其他人的臉。只要在狗狗舔臉時立刻站起來，就能讓牠慢慢戒掉這個習慣。

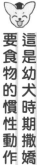

怎樣才能表達「不願意」？

#行動 #低吼

試著把聲音壓低吧

有時候難免會遇到違背自己意願的事情，像是不希望玩具被搶走、不想被帶到某個地方等，我完全能體會大家的心情。我們狗狗不喜歡與人發生爭執，通常會主動迴避吵架的風險，但若遇到避不了的困境時，我們可以使出終極手段，發出「嗚—」的低吼聲，強調自己不願順從的心情。聽到低吼聲後，飼主應該就能感受到我們的不滿了吧……。

給飼主的話 低聲吼叫是表達厭惡情緒的終極手段，這時候狗狗的不滿指數已經相當高了，最好立刻改變現狀，若是不可避免的情況（像是帶狗狗去美容院或醫院等），一定要帶上狗狗最愛吃的小點心。

舒服的時候會忍不住發出聲音

#叫聲 #發出聲音

這是非常自然的現象

你說你擔心被摸摸時發出「唔～」的聲音，會害主人誤以為你在生氣？但這種生理現象並不是我們能控制的啊！就像貓咪覺得舒服的時候會從喉嚨發出「呼嚕呼嚕」的聲音，人類在按摩的時候會講「啊～真舒服」一樣，是一種正處於放鬆狀態的證據。只要主人看到你垂下耳朵、嘴角無力的舒爽表情，就會明白你沒有在生氣啦！

給飼主的話 雖然有時候聲音聽起來好像很痛苦，但其實這只是狗狗「覺得舒服」的表現方式，完全不用擔心。幫愛犬按摩時若能聽到這種聲音，代表飼主的技巧高超，今後也請繼續幫愛犬按摩吧！

我學會說人話了！

#叫聲 #說人話？

太棒了！學主人說話就會得到誇獎喔！

恭喜你！你又多了一個能得到小點心的機會了！你學會了哪些人話呢？「換換（飯飯）」和「窩嗷（我要）」？原來如此，雖然我聽不懂你在說什麼，但只要說出這些話，你能得到獎勵，所以絕對不要忘記這些發音喔。話說回來，最近我們狗狗能發出的聲音種類似乎愈來愈多了呢，雖然絕大多數都是飼主的一廂情願，但對我們來說並不是壞事，就當作是美麗的誤會吧！

給飼主的話 這是狗狗的要求叫聲（想要求某些東西時發出的叫聲）的一種。有些人也會把這種叫聲當成狗狗的才藝加以訓練，但其實不要讓狗狗學習會讓牠感到興奮的話比較好。若是當成才藝訓練，別忘了準備獎勵！

尾巴好像被踩了？

#叫聲 #嘎啊

就算只是錯覺 也可以大聲喊叫！

尾巴前端被踩到時，就算沒有很痛，依然可以故作誇張大吼一聲「嘎啊！」。聽到你的聲音後，主人會不斷跟你道歉，或許你會於心不忍，但畢竟要像這樣發出叫聲才能提醒他。遺憾的是，人類是一種走路時幾乎不會注意腳邊的生物，從各方面來說，由我們主動提醒主人「走路時要注意腳邊」都是一件非常重要的事情。

給飼主的話 不小心踩到狗狗時，一定要仔細確認狗狗有沒有表現出疼痛的模樣。輕踩一下或許還不會造成太大的傷害，但若不小心把全身的重量都壓到狗狗身上，最嚴重恐怕會導致骨折。為了防止事故發生，帶狗狗出門散步時一定要穿運動鞋。

不小心咬了主人！

#行動 #輕咬

馬上舔舔安撫主人，也許能蒙混過關

不用擔心！還有補救的方法！快去舔舔你咬到的地方，像在暗示主人「我搞錯了，我搞錯了」一樣。……呼，似乎順利蒙混過去了呢。玩得太嗨的時候難免會發生這類意外，這時候只要舔舔主人或湊到主人身邊，通常就能得到原諒了，因為主人似乎也覺得你拼命想掩飾的模樣很可愛。必須注意的是，這種方法不能用得太頻繁，否則效果會愈來愈差喔。

給飼主的話 狗狗在玩耍過程中只要一興奮起來，就很難控制自己的行動。飼主可以自制玩耍規矩，例如「若牙齒碰到主人的手就停止玩耍」等，想辦法抑制狗狗的興奮情緒。

要怎麼跟小嬰兒相處呢？

#狗與人 #人類的小嬰兒

小嬰兒就像你的弟弟或妹妹一樣

人類的小嬰兒會突然發出很大的哭聲，你應該常常被嚇到吧？而且主人一直在小嬰兒身邊寸步不離，害你覺得很無聊。這些狀況我都明白，但其實小嬰兒就像你的弟弟或妹妹一樣，身為年長者的你，應該要好好保護他們。有時候小嬰兒可能會亂抓你的尾巴或亂摸你的肚子，讓你覺得不開心，但記住絕對不能反咬回去，否則後果不堪設想！

給飼主的話 雖然狗狗是一種適應力很強的動物，但有些狗狗還是無法接受人類的小嬰兒，這時候請不要勉強，跟寵物訓練師等專家商量看看吧！等小嬰兒成長到能餵狗狗吃點心的階段，雙方之間的關係應該就會有所改善了。

Column

狗狗跟小嬰兒的關係

每隻狗狗跟小嬰兒的相處方式都不同，你是屬於哪種類型呢？

兄、姊類型

能夠友善對待小嬰兒的類型。但就算是這類型的狗狗也有可能在某天突然野性大開，飼主還是要多多提防。

弟、妹類型

會忌妒突然冒出來的小嬰兒的類型。若小嬰兒的存在成了狗狗的壓力，在狗狗習慣前最好保持適當的距離。

空氣類型

對小嬰兒毫不關心、我行我素的類型。小嬰兒的免疫力很弱，即使沒有跟狗狗直接接觸，也要確保其周遭環境整潔。

如果家裡突然來了一個小嬰兒，我會像哥哥一樣好好照顧他的！雖然跟主人一起玩耍的時間變少會有點寂寞，但如果小嬰兒很珍惜我，會充滿愛情地跟我互動，那我忍一下也無所謂啦！

主人一直不厭其煩地叫我的名字

#行動 #偷瞄

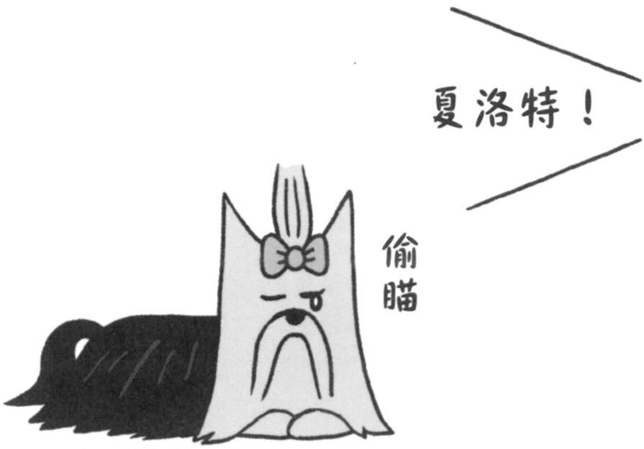

總之先偷偷瞄一下再說

基本上我們都「最喜歡主人♡」，聽到主人喊自己的名字就會很開心地跑到他身邊……，但如果跑過去後沒有得到獎勵，我們就會覺得「不急著跑過去也沒關係」，尤其是開心跑上前卻發現主人背後藏著指甲剪的時候，那種震撼感實在是……。如果這種狀況發生太多次，我們自然會想選擇無視，但又怕不小心錯過點心或散步。因此，建議大家在聽到主人叫名字的時候先偷瞄一下，如果覺得會有好事發生，那就快步衝過去吧！

給飼主的話 你是不是在不知不覺中把「叫名字」跟「快過來」畫上等號了呢？叫名字就像眼神交流一樣，並不等於「快過來」。叫完名字後，還必須給出更明確的指示，叫狗狗「坐下」或「過來」等。

最近那個新來的跟主人特別親密

#心情 #吃醋

盡量保持冷靜，展現出前輩的氣度

哎呀哎呀，家裡來了一隻新的狗狗，而且主人還跟他特別親密，害你吃醋了……。不用擔心，這只是暫時的現象而已，主人絕對沒有把你忘記喔。新來的狗狗剛到新環境也還不太適應，這時候你應該展現前輩的風範，不要跟他計較太多。如果新來的狗狗發現你在忌妒，搞不好還會變本加厲地炫耀呢。

給飼主的話 每隻狗狗在意的東西都不同，不必凡事都以先住犬為優先。另外，請務必瞭解一點，飼主很難要求狗狗要「尊敬先住的狗」或「疼愛比自己還小的狗」。

需要特別顧慮前輩嗎？

#心情 #顧慮

不爭吵，懂得禮讓，才能和平共處

提出這個問題的狗狗是人家的後輩嗎？最近確實有很多狗狗在煩惱人際關係呢。其實不用太神經質，在狗狗的世界中並沒有太死板的上下關係，面對前輩也不必顧慮太多。不過，如果是住在同一個屋簷下的前輩，還是避免無謂的爭吵比較妥當，萬一不幸發生爭執，就趕緊禮讓對方吧。這類問題通常會發生在搶玩具的時候，最好的解決方法就是請主人多準備一個玩具。

給飼主的話 家中同時飼養多隻狗的人通常會以先住犬為優先，其實沒有這個必要。就像人類有時候會優先採納哥哥的想法，有時候也會尊重弟弟的意見一樣，只要沒有發生爭執，其實不用太在意狗狗的優先度。

希望主人能明白我的孤單心情

#叫聲 #咕嗯

低頭往上看，同時發出「咕～嗯」的聲音最有效

有時候只要低頭睜大眼盯著主人，他就能察覺到我們孤單的心情。也可以試著同時發出微弱的「咕～嗯」聲，若發現成效不彰，則可以使出連續技，先發出「咕～嗯」聲後，再「汪汪汪汪！」地吠叫。你說這樣很像在騙主人，會覺得良心不安？但孤單情緒與日俱增，對我們也沒有任何好處啊！我們必須用盡各種手段讓主人明白，狗狗與人類的牽絆越緊密，狗狗會越容易感到孤單。

給飼主的話 這是要求吠叫的一種，狗狗通常會在想從籠子或柵欄出來時發出這種聲音。但有時候狗狗也有可能是想表達：「我想上廁所，快放我出去！」所以也別忘了確實管理上廁所的時間喔！

中場休息

當局者迷

嗅嗅
嗅嗅
我有聞過這個味道……
到底是誰的味道呢……？

我還以為成功了

我是雜種犬
但是還沒交到朋友……
露出笑容接近大家是不是就能交到朋友了呢……
喂～～
喂～
好恐怖！

3章

狗狗的生活

解決生活中的各種疑難雜症！

主人一直叫我「坐下」

#狗與人 #教育

飼主下指示的時候就是獲得獎勵的好機會！

飼主口中的「坐下」就是叫你「乖乖坐下來」的意思。為了讓處於興奮狀態的我們冷靜服從指示，飼主會先要求我們乖乖坐下來。不過，在完美達成指示後，還是會希望飼主能誇誇我們，如果能給個獎勵就更棒了。畢竟若想要狗狗服從指示又吝於給予獎勵，就跟不支付薪水的公司沒兩樣嘛！常見的指示還有「握手」、「趴下」、「等等」、「回家」等，請努力記住所有指示，不要放過任何一個能得到獎勵的機會。

給飼主的話 訓練時手裡拿著要當成獎勵的點心，除了能讓狗狗把注意力集中在主人手上以外，還能在牠做出正確的行動時立即給予獎勵。但記住訓練過程不能太嚴苛，必須要保持輕鬆愉快的氣氛！

Column

挑戰服從訓練！

訓練的目的是教狗狗學習必要的禮儀，讓狗狗過安全又舒適的生活。在此跟大家介紹訓練的訣竅，一定要認真學習喔！

1 學會正確的姿勢

首先，主人會教我們正確的姿勢。先從有形的動作開始學起。

飼主可以把小點心握在手上一步步引導。

2 聽懂指示語

學會正確的姿勢後，接著來記住指示語。仔細聽飼主講的話，把指示語跟姿勢連結在一起。

如果順利得到獎勵，代表你做的動作是正確的！

3 得到獎勵

若能聽懂指示語並做出正確姿勢，就能得到小點心獎勵。以上就是一連串的訓練過程。

冬天的床鋪好冰冷……

#行動 #靠在一起睡

大家靠在一起睡就會覺得很溫暖了

常聽到有人說「狗狗身上覆著一層毛皮，應該不會覺得冷吧？」……其實我們還是會感受到寒冷的，尤其是在冬天的夜晚。覺得寒冷的時候就靠在兄弟或同居犬的身上取暖吧！如果身旁沒有狗狗，也可以找人類取暖，鑽進主人的被窩就是不錯的方法。

使用飼主為我們準備的暖爐前，一定要先預留足夠的空間，才能在過熱時拉開距離。

給飼主的話 如果是能聽得懂「回家」指示的狗狗，跟飼主一起睡覺也沒關係。但每天都跟飼主一起睡覺的狗狗，可能會變得不愛在狗籠（86頁）裡睡，因此，最好只在特殊的日子才允許狗狗一起上床睡覺。

主人回來了！正確的迎接方法是？

#行動 #出來迎接

我回來了——

可以表現出自己的開心情緒 但是記得要維持坐姿

哎呀，主人回家了嗎？玄關傳來腳步聲了呢。

我懂你隔了好幾個小時再次見到主人的雀躍心情，但別忘了保持冷靜，瞧你興奮地活蹦亂跳，主人是不會把你放出來的喔，當然也絕對禁止吠叫。在表現出「看到主人好開心♡」的心情的同時，也要乖乖坐在圍欄裡，讓主人看見你乖巧的模樣。根據我的經驗，這是能最快獲得自由的方法。

給飼主的話 外出或回家時都不要用太誇張的態度跟狗狗告別或重逢，維持一貫的態度進、出門，是能避免狗狗過度興奮的最佳方法。回家時若發現狗狗過度興奮，一定要先等牠冷靜下來再放出圍欄。

聽到「散步」就無法保持冷靜！

#心情 #興奮

知道接下來的行程後，記得乖乖坐下等待

「散步」這個詞為什麼這麼有魅力呢？我明白你一聽到「散步」這兩個字就想四處亂衝的心情，但是快看看你的飼主，他正為了你的瘋狂舉動而煩惱呢。若想早點去散步，最好還是乖乖坐下，冷靜等待飼主帶你出門。如果能自己把牽繩咬過來，還能幫飼主省事呢。咦？你說吃飯的時候？當然也要乖乖坐著等飯來啊！

給飼主的話 請不要在狗狗仍處於興奮狀態的時候急著帶牠出門。只要每次都等到情緒冷靜下來後才出門，狗狗就會明白這才是正確的行為。此外，最好不要讓狗狗學會「散步」或「吃飯」等容易刺激興奮情緒的關鍵字。

有些地方我一點也不想去

#行動 #賴著不走

讓飼主瞧瞧你堅持不退讓的堅決態度

咦?你為什麼在路邊來回走來走去呢?之前在這條路前面看到青蛙所以不想過去?沒想到你這麼膽小呢~今天又遇到什麼可怕的東西了嗎?喔,以前經過這條路的時候聽到附近傳來巨大的聲響,讓你覺得很可怕。如果你真的不想走這條路,就要堅持自己的立場,不然飼主不會明白喔!像踩煞車一樣伸直前腿,表現出「我・不・想・去!」的堅決態度。

給飼主的話 發現狗狗像踩煞車一樣伸直前腿時,代表牠害怕到無法繼續前進,或是不想回家。這時候可以用小點心分散狗狗的注意力,引誘牠慢慢前進,如果牠還是怕到不敢動,就改走別條路回家。

散步時可以拉著主人跑嗎？

#行動 #拉扯牽繩

成熟的狗狗應該要乖乖跟在飼主旁邊走喔

又到朝思暮想的散步時間了！心情也跟著嗨了起來。我知道你會急著想把主人拉到自己想去的方向，主人肯跟著我們到處跑那當然很好，但你有沒有注意到他正面露難色呢？如果絲毫不顧慮主人的感受，散步的時間可能會縮短喔！在得到許可前一定要乖乖待在主人身旁，配合主人的速度移動，然後別忘了偶爾抬頭偷瞄一下。

給飼主的話

散步時被狗狗拉著走是引發事故的導火線。一旦發現狗狗拉扯牽繩就要立刻停下腳步，讓牠學習跟在主人身旁走。另一個有效的方法是教狗狗跟主人「眼神交流」，讓狗狗習慣在散步時抬頭看主人。

為什麼今天不去散步呢？

#心情 #想出門散步

外頭下雨時 人類會不想出門散步

明明已經到了散步時間，主人卻毫無表示，這時候我們可以默默看向牽繩，無聲地提醒主人「你忘記散步時間了喔」。如果主人還是不為所動，那可能是外面正在下雨。下雨就沒輒了呢，我們也不想被淋濕啊。咦？你說就算下雨也想出門散步？看來你應該是習慣在戶外排泄的類型吧？瞧你都已經坐立難安了。主人啊~誰叫你不教狗狗在家裡上廁所，這是你的責任喔！

給飼主的話 受到不可抗力的影響而無法出門散步時，請讓狗狗在家裡盡情玩耍消耗體力。此外，只會在戶外排泄並不是好事（45頁），應訓練狗狗在任何地方都能排泄。

幾點起床、幾點睡覺才好呢？

#生活 #睡覺 #起床

配合飼主的生活作息才不會有壓力

關於這個問題，只能說配合飼主的生活作息就沒錯了。比飼主還早起其實沒什麼好處喔！只能在旁邊默默等待飼主起床。飼主不在家的時候，你不也會邊睡午覺邊等飼主回家嗎？同樣道理，我們總是像這樣「邊睡覺邊等待家人」。不過，小狗就另當別論了，由於小狗還不會在固定的時間到廁所排泄，因此在訓練結束前，飼主必須盡量配合小狗的作息。

給飼主的話 當愛犬仍處於小狗階段時，飼主應配合其生活作息，等到狗狗長大後，再慢慢轉變成以飼主的作息為主。不過，絕對不能太折騰狗狗，讓牠陪自己熬夜之類的喔！

Column

乖乖睡覺才會長大……？

成犬的單日平均睡眠時間為12～15小時，一天當中幾乎有一半以上的時間都在睡覺，幼犬和老犬的睡眠時間更長，幾乎一整天都在睡夢中渡過。不過，我們狗狗習慣淺眠，一有任何動靜就會立刻清醒，這是我們過去在危險的野外生存時養成的習性。不過現代的家犬通常都在飼主身邊過著安逸的生活，即使忘記原始本能睡到不省人事也不足為奇呢！

根據研究結果顯示，狗跟人一樣會在睡眠中做夢。我有時候好像也會說夢話，搞不好是正在跟夢裡的某個人對話呢！

晚上要睡在哪裡才好呢？

#生活 #睡覺的地方

喜歡睡哪裡就睡哪裡，建議睡最安全的狗籠

圍欄裡的沙發、主人的床鋪等，有好多可以睡覺的地方真棒啊～基本上只要能安心入睡，不管睡哪裡都無所謂。有些愛撒嬌的狗狗只有在主人身旁才睡得著。不過，我個人最推薦的地方還是狗籠，因為日本經常發生地震等天然災害，如果睡在堅固的狗籠裡，遇到這類意外事故時安全性比較有保障。關於狗籠的優點，在86頁會有詳細介紹。

給飼主的話 有些人認為「如果讓狗狗跟人類睡同一張床，飼主可能會被狗狗輕視」，但狗狗原本就是會跟同伴聚在一起睡覺的動物，飼主不用擔心這種問題。重點是一定要等到狗狗習慣在狗籠裡睡覺後，才能跟主人一起睡（74頁）。

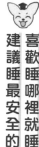

我的主人喜歡睡懶覺

#生活 #起床時間

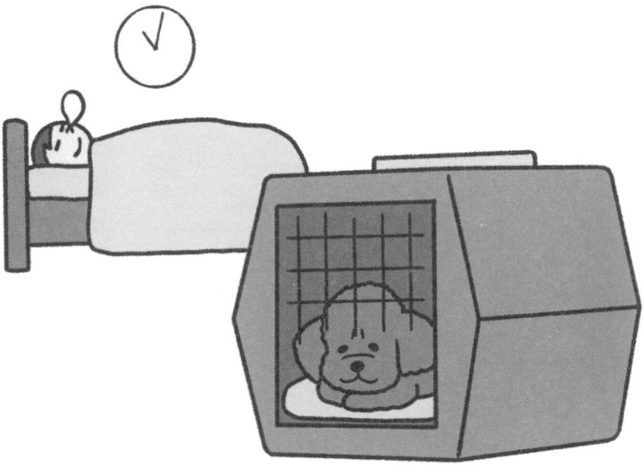

最好的辦法就是你也跟著一起賴床

每到週末主人就都不早起了。很遺憾地，在人類的社會中確實有些日子可以光明正大地賴床，雖然我們完全無法理解就是了。這時候就算想叫主人起床也叫不醒，乾脆跟著一起睡吧。但如果想上廁所的話就另當別論囉！成犬能憋尿的時間平均為七~八個小時，若超過忍耐極限，一定要發出高亢的聲音跟主人抗議，大喊「快放我出去！」

給飼主的話 幼犬的憋尿時間為月齡加一小時左右。舉例來說，生後三個月的幼犬能憋尿的時間約為四小時。因此，家中有幼犬時，飼主必須配合幼犬的生理時鐘，就算是半夜也要帶牠到廁所排泄。

其實我很不愛洗澡的

#生活 #洗澡

為了保持毛髮整潔，每個月請忍耐一～兩次

每隻狗狗對洗澡的接受程度都不同，也有些狗狗雖然喜歡玩水但討厭洗澡，並不是討厭身體溼答答的感覺。

這類型狗狗討厭洗澡的原因可能跟飼主的技術有關。我以前也不太喜歡洗澡，但自從飼主帶我去美容沙龍體驗後，我就變得不那麼排斥了。專業人士的技術果然不同凡響，完全沒對我造成任何壓力。不妨也拜託飼主帶你去洗一次看看吧！

給飼主的話 全身被弄得濕濕的，又被控制行動，身上還充滿怪味，洗澡簡直是結合了所有狗狗討厭的要素。為了減少刺激，請不要急著用水沖狗狗的身體，而是要先用手溫柔清洗。最適當的水溫為三十五～三十八度。

尿尿的時候不想弄髒身體

#生活 #排泄

請選一個吸水性良好的場所吧

雖然我們喜歡乾癟蟲子的味道，也喜歡玩得滿身泥濘，但其實我們是很愛乾淨的動物，完全不想被排泄物弄髒自己的身體！為了避免沾到排泄物，尿尿時最好選擇吸水性良好的場所。新型尿布墊的吸水性能優秀，我超級喜歡！每次主人在幫我換尿布墊的時候我都很興奮。咦？你說在外面尿尿的時候怎麼辦？跟水泥地面比起來，當然還是到草坪或草叢上尿尿比較適合啊！

給飼主的話

受到愛乾淨的習性影響，我們通常會選擇吸水性良好的地方尿尿。這也是我們不喜歡在剛打掃乾淨的便盆上尿尿的原因，絕對不是在跟辛苦幫我們打掃的飼主唱反調，請不要誤會喔！

被關進狹窄的地方

#生活 #狗籠

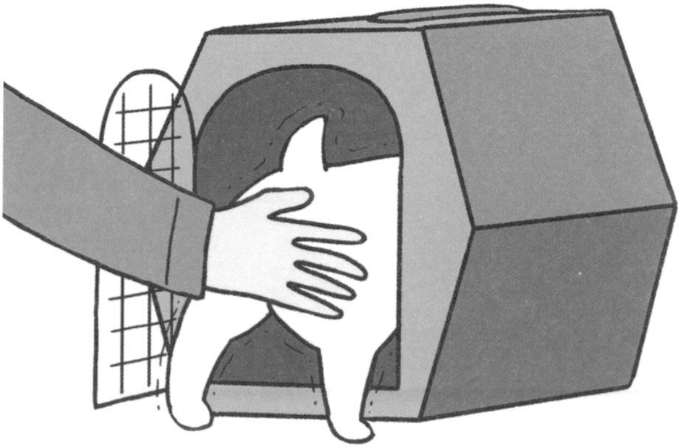

狗籠並不是牢房，而是能安心窩著的私人空間

你討厭狗籠嗎？真心疼你，應該是過去曾有過不愉快的經驗吧！你說一進狗籠就會被帶到醫院？一踏進去就會被關起來？但還是希望你能明白，狗籠其實是個能讓你安心放鬆的地方喔！仔細瞧瞧，你不覺得狗籠長得很像巢穴嗎？只要進入狗籠，就等於多了一層保護，遇到什麼危險都不怕。你看，門輕輕一推就開了，一點也不可怕，裡面搞不好還藏著橡膠玩具或小點心呢。慢慢來就好了，試著踏進去看看吧！

給飼主的話 想讓狗狗習慣狗籠時，可以先把門打開，在裡面放小點心，然後離開現場，耐心等待狗狗主動進去。等到狗狗慢慢習慣後，可以放入小點心後關上門，讓狗狗自然而然產生「想進去」的慾望。

Column

狗籠生活的建議事項

這裡採訪到兩隻平常很愛待在狗籠裡的狗狗，請他們暢談狗籠生活的美好之處！

柴犬大和先生的經驗

我的主人會在狗籠外鋪毛巾，把狗籠跟周圍完全阻隔，讓狗籠成為更舒適的空間！只要窩在裡頭就不用理會外面發生的事，完全就是我專屬的私人小天地，所以我超愛狗籠！

黃金獵犬戈爾戈先生的經驗

在我還小的時候，有一次午睡時房間突然劇烈搖晃，我害怕到全身發抖，沒想到書架上的書突然掉下來砸在狗籠上，差點沒嚇死我。但事後想想，如果我沒待在狗籠裡的話，那本書可能就直接砸在我身上了，是狗籠救了我一命。

並不是只有外出時才需要狗籠，平常就應該把狗籠放在家中的某處。在狗籠裡放狗狗喜歡吃的小點心，能有效降低狗狗的警戒心！

醫院是很可怕的地方吧……？

#生活 #醫院

接受獸醫的檢查是為了你的健康著想

醫院是這個世界上最可怕的地方——應該有很多狗狗都是這麼想的吧？本來以為要去公園玩，結果竟然被帶到醫院，這時候一定會覺得很沮喪吧！不過，醫院原本就是改善身體狀況的地方，每年一次的健康檢查也是全是為了你好。咦？你說害怕的東西不管怎樣還是會害怕？讓我想想，那就請主人幫你準備最高檔的獎勵吧！待會就能吃到超好吃的小點心了，咬牙忍過去吧！

給飼主的話 準備帶狗狗去醫院的時候，飼主最好保持平常心，因為狗狗很容易感受到飼主的不安。此外，雖然需依醫院規定行事，但若獸醫本人能拿著小點心，狗狗會比較願意乖乖接受檢查。

飯裡面混入了奇怪的東西？

#生活 #藥

這個東西叫做藥，請放心吞下去吧

什麼什麼？你說你剛剛吃下去的小膠囊是主人從醫院拿回來的東西？你的記憶力意外地好呢！

這個小膠囊叫做「藥」，吃下後能消除身上的病痛。味道或許會有點苦，但吞下後就能舒緩身體的不適，請安心服用。飼主若能把藥加工成看不出形體的樣子會更好，像是把藥丸弄成藥粉後混在飯裡面，狗狗應該就不會發現了……。

給飼主的話 從平常就把乾式飼料當成藥丸，讓狗狗練習一粒一粒吃，等到哪天需要吃藥的時候就能派上用場了。像這樣慢慢練習，就算吃慣的飼料中混入一粒藥丸，說不定狗狗也完全不會發現喔！

主人幫我穿了衣服

#生活 #衣服

意外地適合你呢（笑）

每次主人幫我穿衣服後都會開始狂拍照，超煩的！原來如此，這也是沒辦法的啦，誰叫我們原本就長得這麼萌，穿上一身可愛的衣服誰受得了。而且衣服能保護你遠離蟲害跟髒污，出門時多一層防護還是很重要的，如果你正在掉毛，衣服也能防止毛掉到地上。相信你的主人也是經過深思熟慮才會幫你穿衣服的，但他品味實在是……。不，當我什麼都沒說，這身衣服很適合你呦！

給飼主的話 雖然穿著衣服的狗狗超級可愛，但絕對不能讓狗狗在家裡一直穿著衣服。這是因為接觸不到空氣和陽光會的皮膚逐漸停止代謝（長出新的皮膚）。

主人似乎感冒了

#狗與人 #飼主感冒了

今天就當個乖孩子吧

你的主人感冒了嗎？真可憐，看到最喜歡的主人沒有精神，你也擔心到不行吧……。雖然人類的感冒病毒不會傳染給狗狗，不必刻意保持距離，但今天還是當個乖孩子，靜靜等待主人恢復精神吧！主人現在應該很難受，就算沒辦法帶你出門散步，也不可以怪他。啊，但是附在你身上的感冒病毒可能會傳染給其他家人，所以這幾天還是謹慎為妙喔！

給飼主的話 普通感冒不用擔心會傳染給狗狗，但有些人畜共通傳染病（zoonosis）是人類和狗狗會交互傳染的疾病。處理狗狗的排泄物後和吃飯前，一定要先用肥皂洗手，做好萬全準備預防感染。

人類的食物看起來好好吃♡

#狗與人 #人類的食物

嘗過一次就難以忘懷的好味道

人類的食物為什麼看起來這麼好吃呢？除了色香味俱全以外，最重要的關鍵應該是因為你的腦海裡不斷浮出「以前吃過覺得很好吃」的記憶。這麼說來，你該不會曾背著主人偷吃過吧……？

先不管這個，有些人類的食物對我們來說是很危險的，像是最具代表性的蔥蒜類和葡萄等。除此之外的危險食物也多不勝數，因此狗狗還是不要吃人類的食物比較保險。

給飼主的話 從平常就應該堅持「即使想吃也不給」的原則，讓狗狗放棄對人類食物的慾望。若抵擋不了狗狗的要求吠叫，讓牠嘗過一次甜頭，牠會認為「只要叫就有東西吃」而開始不斷吠叫要求食物。

Column

小心危險的食物！

有些食物對人類來說很美味，卻會傷害狗狗的身體。請學習正確的知識，以免不慎誤食！

蔥蒜類

蔥蒜類會破壞狗狗血液中的血紅素，恐引發溶血性貧血。

巧克力

可可鹼成分可能會造成狗狗上吐下瀉等，引起中毒症狀。

葡萄

恐造成上吐下瀉，嚴重可能導致腎衰竭。

辛香料

辣椒等辛香料會刺激腸胃，容易造成腹瀉。

咖啡因、酒精

咖啡、紅茶、綠茶等所含的咖啡因成分是誘發心律不整的導火線。酒精飲料中所含的酒精成分恐引起中毒症狀。

酪梨和堅果類等也有可能引發中毒症狀，必須特別當心。此外，雖然生的雞骨能輕易咬碎，但加熱後會變硬，狗狗食用後恐傷害到內臟。

主人突然開始自言自語？

#狗與人 #飼主好奇怪

飼主正在講電話。這是抱抱的好機會！

人類不太會一個人自言自語，仔細看會發現他手裡拿著一個長方形的東西，這個東西叫做電話，人類能利用這種機器跟遠處的人通話喔！是不是有點像我們的嚎叫呢？先別管這些，主人講電話時正是我們的大好機會！試著對通話中的主人多叫幾聲，說不定能得到抱抱或小點心，但要注意不可以太煩人，不然主人可能會直接走掉喔。若試了二、三次還是失敗，就乖乖到旁邊咬橡膠玩具吧。

給飼主的話 最好不要在狗狗面前講電話，否則狗狗會以為飼主在跟自己說話，遭到無視時會很難過。講電話的時候記得移動到其他房間，並餵狗狗吃小點心安撫牠的情緒。

討厭的遊戲也要乖乖奉陪？

#狗與人 #無法奉陪

直接無視就可以了

每次玩遊戲時主人只會丟飛盤，讓你覺得很困擾。如果是邊境牧羊犬等牧羊犬也就算了，並不是所有狗狗都喜歡玩飛盤。說實在的，與其說是玩遊戲，接飛盤更像是運動啊！為了讓飼主明白這點，遇到討厭的遊戲就直接無視吧☆這樣飼主一定會準備其他玩具給你的，畢竟探索愛犬喜歡的遊戲是飼主的使命。如果飼主真的毫無頭緒，你就主動把喜歡的玩具推到他的面前吧！

給飼主的話 要如何讓狗狗對沒興趣的玩具產生興趣，取決於飼主的功力。飼主可以快速移動玩具或突然停下動作，刺激狗狗的狩獵本能。尤其是看到獵物開始移動的瞬間，狗狗絕對會想立刻撲上來。

有個傢伙在模仿我的動作

#生活 #鏡

那或許是鏡子映照出的自己喔

在人類世界中有一個傳說是「這個世界上有三個長得跟自己一模一樣的人」，難道在狗狗的世界裡也是這樣嗎？但我認為會模仿你的動作的狗狗，應該不是這三隻狗之一。你聞聞看，他身上沒有味道對吧？而且他只會從像窗戶一樣地方冒出來。這種像窗戶一樣的東西叫做「鏡子」，能映照出自己的模樣。我明白你看到倒影時想出聲吠叫的心情，就跟低頭看積水發現怎麼有一隻狗跟自己四目相交一樣，真的會被嚇到呢～！

給飼主的話 幾乎所有的狗狗都無法理解鏡中的狗是自己的倒影，牠們多半會以為有其他狗擋在面前，甚至感到恐慌。因此，飼主平常應多加留意，盡量別讓狗狗看到鏡子。

總覺得我跟主人愈來愈像了

#狗與人 #像飼主

每天都一起生活一定會互相影響

我們狗狗會秉持著「入境隨俗」的精神來適應人類世界的生活，因此，就算人類跟狗狗是不同的生物，只要生活步調一致，表現出來的模樣也會愈來愈相似。事實上，我們狗狗的個性並非先天養成，而是受到後天成長環境的影響，會隨著飼主本身的個性轉變成沉著穩重或熱情調皮的性格。對飼主來說，能從愛犬的行為舉止審視自己，也是個自我省思的好機會。

給飼主的話 飼主也有可能會受到狗狗影響喔！如果愛犬超愛到外面玩耍，原本喜歡宅在家的飼主也有可能會變成戶外派。狗狗和人類如果一直都能像這樣為對方的生活帶來正面影響就好了呢。

有人跟著奇怪的聲音一起出現在家裡！

#生活 #門鈴

「叮咚」的聲音是有人來訪的訊號

你應該已經發現了吧？每次聽到門鈴聲後就會有人出現在家裡。趕跑不速之客是狗狗的本能，我們絕對會忍不住出聲吠叫，如果能成功把人趕走，我們也會覺得超有成就感。不過，告訴你一個殘酷的真相，對方只是因為辦完事所以才離開，並不是被你趕跑的，真令人失望……。飼主不妨乾脆在有人按門鈴時就在狗籠裡放小點心，讓狗狗覺得「門鈴聲＝小點心」算了。

給飼主的話 教狗狗在聽到門鈴聲時必須乖乖進入狗籠，讓牠知道就算亂吠也得不到好處。這麼一來，如果哪天在聽到地震警報等鈴聲時，狗狗也懂得採取同樣的行動，飼主也會比較放心。

Column

聽到外面有狗在嚎叫！

聽到外頭傳來嚎叫聲時，自己也會想跟著叫，這是狗狗的本能。不過，請仔細聽，這個聲音真的是狗狗在嚎叫嗎？在人類的世界中，也有「消防車」等交通工具，會發出類似狗狗嚎叫頻率的聲音。若對消防車的警笛聲過度反應，可能會被飼主罵說「不要亂叫」喔！這時候希望飼主能教狗狗「聽到消防車警笛聲就有小點心吃」。

以前我們的祖先還在野外生活時，會用嚎叫的方式與遠方的夥伴取得聯繫。我們之所以會對其他狗狗的嚎叫聲有反應，或許就是因為承襲了這種習性呢。

那隻狗的感覺突然變了呢

#生活 #理毛

牠應該是去了一趟美容沙龍

有時候的確會看到這種狗狗呢~全身的毛髮突然變得閃閃發光，散發著煥然一新的感覺，連味道都變得跟平常不一樣。沒錯，牠絕對是去了一趟美容沙龍。美容沙龍是個能幫狗狗洗澡、理毛、修指甲、清潔耳朵的地方，走在時尚尖端的狗狗每個月至少會去保養一次。如果太久沒去理毛，身上的毛會容易糾結，還容易起毛球。

給飼主的話 為了保持毛髮整潔，一定要定時清洗和修剪，但這些行為都會對狗狗造成壓力。理想的理毛的頻率為每個月一次，不能太頻繁。此外，最好不要幫正在療養或年紀大的狗狗理毛。

家裡出現沒看過的東西……

#叫聲 #嗚喔

發出「嗚喔」的叫聲試探，觀察對方的反應

有一個又圓又扁的東西在家裡動來動去？那應該是掃地機器人啦。你可以先提高警戒叫一聲「嗚喔」看看，它完全不甩你對吧？遇到這種無法判斷是敵是友的對象時，先發出低沉的聲音嚇嚇它就行了。有時候這東西的上面可能會擺著小點心，小心不要漏掉了，這應該是飼主為了消除你的警戒心特地放上去的。

給飼主的話 除了掃地機器人以外，也有很多狗狗會怕塑膠袋和紙箱。飼主可以從塑膠袋裡掏出點心讓狗狗看，或把飼料擺在紙箱周圍。狗狗擁有良好的適應性，慢慢就會習慣了。

用○或×來回答吧

犬學測驗 -前篇-

用○×測驗來驗收狗狗的學習程度。
先來回顧1～3章的內容。

第1問	飼主不理會自己的要求時可以用**吠叫**的方式主張意見	[　]	→ 答案、解說 P.39
第2問	發現朋友時可以**直線前進**衝向對方	[　]	→ 答案、解說 P.52
第3問	狗狗的**個性**跟**散發出的感覺**會跟主人愈來愈像	[　]	→ 答案、解說 P.97
第4問	最有效的**勸架**方式是吠叫	[　]	→ 答案、解說 P.28
第5問	在狗狗的世界裡也有**上下關係**	[　]	→ 答案、解說 P.68
第6問	為了保護自己的安全，可能需要**張嘴咬**對方	[　]	→ 答案、解說 P.33
第7問	不惜**打架**也要奪回自己心愛的狗狗	[　]	→ 答案、解說 P.49
第8問	可以**舔主人的臉**撒嬌	[　]	→ 答案、解說 P.58

第 9 問	害怕的時候會壓低姿勢，並用尾巴**把屁股藏起來**	[　　]	→ 答案、解說 P. 23
第10問	就算是**討厭的遊戲**也必須乖乖奉陪	[　　]	→ 答案、解說 P. 95
第11問	飼主回家時可以激動亂跳表現**見面**的喜悅	[　　]	→ 答案、解說 P. 75
第12問	**邀玩**的方法是翹起屁股搖尾巴	[　　]	→ 答案、解說 P. 42
第13問	散步時飼主必須負起責任**帶路**	[　　]	→ 答案、解說 P. 78
第14問	不想吵架時要緊盯著**對方的眼睛**	[　　]	→ 答案、解說 P. 34
第15問	看到陌生的東西時可以發出「**嗚喔！**」的叫聲試探	[　　]	→ 答案、解說 P. 101

11～15題正確

非常棒！你已經是一隻博學多聞的狗狗了。

6～10題正確

基礎打得很穩，只差一步了！

0～5題正確

還必須加把勁，從頭再讀一次吧！

共存的方法

嗚喔
哇！
這傢伙是誰！
怎麼會有不認識的傢伙出現在家裡！
嗯
這樣也滿好玩的
有它也不錯啦……

常有的經驗

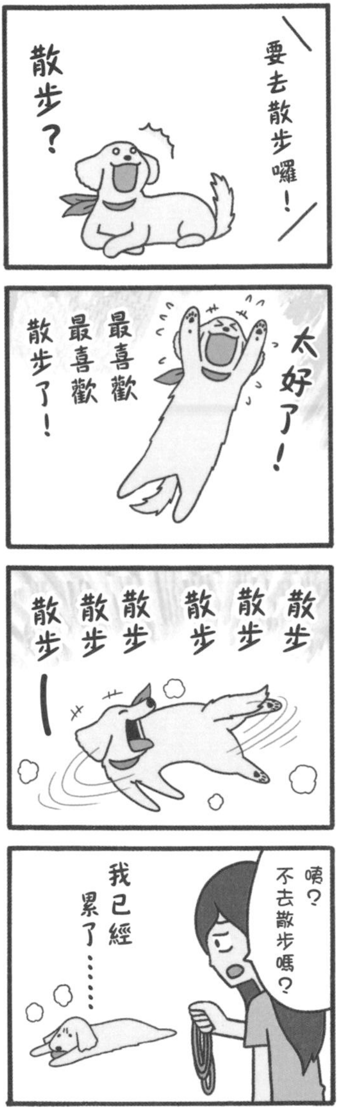
要去散步囉！
散步？
太好了！
最喜歡最喜歡散步了！
散步
散步
散步
散步
散步
散步
咦？不去散步嗎？
我已經累了……

4章

神祕的行動

「為什麼會想這樣做呢？」

這些舉動或許跟你的本能息息相關！

想冷靜下來的時候該怎麼辦呢？

#行動 #安定訊號

來教你一種被稱為安定訊號的動作

你知道什麼是安定訊號嗎？如文字所示，這是一種能讓我們「安定＝（讓自己的情緒）穩定下來」的動作。伸展身體、左右晃動、舔嘴巴或鼻頭、舉起單隻前腳……。這些行動都能緩和自己和對方的情緒，有效舒緩緊張感。想避免無謂的衝突，或是想證明自己沒有敵意時，都可以用安定訊號表示。這跟我們在不想吵架時會把視線挪開是同樣的道理。

給飼主的話 雖然這些行動都是出自狗狗的本能，但還是必須在狗與狗的交流過程中學習正確的使用方法。飼主可以自行製造學習安定訊號的機會，帶愛犬到公園、狗狗園地等場所跟其他狗狗交流。

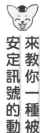

Column

瞭解狗狗的安定訊號

這裡介紹幾個最具代表性的安定訊號。想平復情緒的時候不妨多加利用。

舔嘴巴或鼻子

能抑制高昂的情緒，同時告訴對方自己並無敵意。

抬起前腳

試著維持這個姿勢，能有效讓激動的情緒穩定下來。

搔抓身體

能緩和自己的緊張感。也許在無意識間對某些東西感到緊張了。

左右甩動身體

能讓緊繃的身體放鬆。壓力也會跟著煙消雲散喔。

眨眼睛

跟挪開視線一樣，想表現出「沒有想發生衝突的意願」的時候可以使用此方法。

除了叫聲以外，還可以用這些動作表現出自己的情緒喔！

好像有聽到什麼聲音？

#行動 #歪頭

歪著頭仔細聆聽吧

為了保護名為「家庭」的群體，我們必須靠敏銳的聽力及早察覺危險，因為人類的耳朵實在不可靠啊！每當聽到好奇的聲音時，我們會就歪著頭，調整耳朵的高度和角度，從各式各樣的角度檢查聲音。不過，在我像這樣燃起使命感分析聲音時，我發現了一件大事，就是主人每次看到我歪頭都會大喊「好可愛～♡」他超喜歡這個姿勢的！大家就當作被騙，也來試一次看看吧。

給飼主的話 目前還未能證明狗狗歪頭的實際原因，最有力的說法是右邊提到的「比較容易聆聽聲音」。雖然自己說出口有點害羞，但這種有點困惑的姿勢真的超可愛呢！有些狗狗為了討飼主歡心，也會像這樣故意歪頭喔。

發現最喜歡的味道了！

#行動 #背部磨蹭地面

我懂你想把味道沾在身體上的心情啦……

主人為什麼老是喜歡往我們身上弄一些奇奇怪怪的味道啦！像是沐浴乳和沐浴乳之類的（怒）！外頭明明就有一大堆超讚的味道，草啊，泥巴啊，乾掉的蚯蚓啊♡我懂你的心情，我們狗狗在發現這些味道時，會想馬上把身體貼在地面上磨擦，讓身上沾滿好味道，而且這樣還能跟朋友和主人炫耀說「我找到好味道了咧」。無奈你的喜好跟主人完全不合，這麼做可能馬上就會被抓去洗澡……

給飼主的話 基於衛生考量，狗狗最好不要在戶外沾味道。散步時若發現狗狗可能感興趣的昆蟲屍體或動物糞便，飼主最好用小點心吸引其注意力。雖然狗狗會覺得很可惜，但飼主一定要搶先找出味道的源頭，並想辦法分散狗狗的注意力。

亂甩身體後挨罵了

#行動 #抖動身體

我明明就只是想把身上的水滴甩掉，真不講理呢

什麼！看到我們高超的「抖動身體」技術後主人竟然生氣了。瞧瞧這從頭到尾一氣呵成的躍動感，還有瞬間甩掉所有水滴的速乾性，這是毛上油分較多的狗狗才有辦法辦到的自豪技術耶！喔喔，看來是你不小心把水滴甩到主人身上了，不過你又不是故意的，主人不用那麼生氣……吧？就算挨罵也不必示弱，因為這是最有效率的甩水滴方法。一起來抖動身體吧！

給飼主的話 就算你大發雷霆，也無法阻止狗狗在被毛濕漉漉時抖動身體。請及早預測狗狗下一步的動作，趕緊攤開毛巾準備擦水。狗狗絕對不是故意想把飼主噴得一身濕，還請多多包涵。

到陌生的地方時該怎麼辦才好呢？

#行動 #聞味道

記住這個地方散發著怎樣的味道

就算是第一次來的地方，只要有飼主在身邊就什麼也不怕，來聞聞當地的味道，冷靜地收集情報吧！除了要記住該處特有的味道以外，還可以順便瞭解有哪些狗狗來過這裡。若發現這裡有你害怕的東西，牢記味道也有助於往後的危機管理。此外，由於味道情報天天都在改變，因此每次出門散步都必須仔細確認，以免錯過最新情報。

給飼主的話 請在初次造訪的地方創造美好的回憶！讓愛犬玩喜歡的遊戲，或放任牠盡情奔馳，都能提高牠的興致。飼主也別忘了用肢體動作表現出開心的模樣，這樣愛犬也會覺得很開心。

閒到吃腳腳

#行動 #吃前腳

若養成習慣可能會影響到皮膚狀況，請適可而止

啊～好閒，飯已經吃光了，玩具也玩膩了，還不到散步的時間，剛才睡飽了現在絲毫沒有睡意，根本沒有能做的事情，只好開始咬眼前的腳。我明白這種閒到想咬腳的心情，畢竟這麼做多少能排解寂寞感。不過，如果咬得太頻繁，皮膚可能會出問題喔！要是飼主能留意到你的孤單就好了。

在人類的世界中有一句話是寂寞時「眼淚會沾濕衣袖」，套在狗狗身上的話，想必就是「口水會沾濕前腳」吧！

給飼主的話 活動舌頭跟咀嚼都有助於降低心跳次數，達到穩定情緒的效果。這就是棒球選手會在比賽時嚼食口香糖的原因。不過，若養成習慣怕會傷害到自己的皮膚，飼主最好準備能咬的玩具給狗狗解悶。

Column

推薦大家消磨時間的方法

每隻狗狗都會有閒到發慌的時候，有些狗狗喜歡把衛生紙從盒子裡一張張拉出來，或是把雜誌或報紙咬成碎片，但這些行為都非常有可能會惹怒飼主！建議飼主最好準備狗狗專用的葫蘆玩具或橡膠玩具給他玩喔！

當狗狗需要長時間獨自看家時，飼主可以準備下面介紹的玩具給狗狗解悶喔！

吉娃娃老師推薦的玩具

葫蘆玩具

可以把小點心塞進去，讓狗狗享受取出小點心的過程。等習慣玩法後，飼主也可以改變塞小點心的方法。

橡膠玩具

有大型犬用、小型犬用等各種尺寸。請選擇適合愛犬的款式。

有沒有涼涼的地方呢～？

#行動 #挖地

只要挖掘地面就能挖出涼爽的沙土

挖開地表的沙土後躺進凹陷處睡覺，這是狗狗還是野生動物時養成的習性。因為挖開的凹陷處冰冰涼涼的，睡起來超級舒服！沒錯，就算土壤表面的溫度高，只要稍微挖一下，就能變成冰涼的床鋪！如果這個床鋪不冰了，就再往別的地方開挖就好了。

相反地，覺得寒冷時我們也會挖床上的棉被，讓棉被跟身體更貼合，睡起來更溫暖舒適！

給飼主的話 挖洞是狗狗消除壓力的有效方式之一。若發現狗狗沒有在整理床鋪，卻做出挖掘沙發或榻榻米的動作，代表牠可能累積了不少壓力，這時候飼主可以拿小點心或玩具幫狗狗散心，或是陪牠盡情玩耍。

看到什麼都想咬！

#行動 #咬

看到能咬的東西就咬。這是狗狗的本能

「咬」這個動作可以得到東西的情報，可以成為一種遊戲，也可以消除壓力……。總之狗狗就是一種「看到什麼都想咬」的動物，雖然會惹飼主生氣就是了。「這就跟你們人類看到眼前有山就想爬一樣啦！」雖然很想這麼反駁，但畢竟我們沒辦法開口說話，只要讓飼主明白「咬」是狗狗的本能就行了。地毯、窗簾、拖鞋等布製品咬起來特別舒服，大家有機會一定要咬咬看。

給飼主的話 就算叫狗狗「不要咬」牠也聽不懂，飼主只能把不想被咬的東西全部收起來，像是電器的線、容易誤食的玩具和飾品等，全都暗藏危機。此外，請不要放任狗狗進入廚房等放有大量危險物品的場所。

被抓這裡超不舒服！

#心情 #不舒服

這完全是飼主搞錯了。真困擾呢……

有些飼主誤以為訓斥時壓制狗狗的背部能得到很好的效果，他們似乎認為壓住背部讓狗狗動彈不得是一種處罰方式，但其實這個動作會造成極大的麻煩，因為從今以後，「飼主的手＝可怕的東西」的記憶會深植在狗狗腦中。不管怎麼說，被壓住背部實在太不舒服了，請想辦法讓飼主明白自己的不悅，有效的反抗方法請參考59頁。

給飼主的話 就算做錯事挨罵，狗狗也不曉得自己到底做錯了什麼，因此，在進行教育時，飼主必須引導狗狗做正確的行為。例如：若不想讓狗狗吃掉在地上的東西，飼主必須在狗狗接近時誘導牠離開。就算狗狗失敗了，飼主也不要有任何反應。

Column

不能這樣教育狗狗！

有不少飼主會像右頁一樣用「壓制後背」的錯誤方法教育狗狗。在此跟狗狗們打聽了會感到不適的錯誤教育方式。

我很害怕主人在罵我時抓住我的口鼻。我很想移開視線，卻被緊緊抓住無法動彈。希望主人不要再這麼做了。

我的主人在生氣時用力壓住我的身體會逼我仰躺，他似乎認為仰躺是一種服從的證明，但我完全不這麼認為啊！

想冷靜下來的時候就深呼吸

#行動 #嘆氣

在某些情況下飼主可能會以為你在「嘆氣」

心滿意足時、想冷靜下來時、想轉換心情時，遇到這類情況時，只要大口吸氣後「呼——」一聲吐出來，就會覺得神清氣爽。深呼吸能有效穩定情緒，但在飼主面前深呼吸，他可能會誤以為你正在「消沉」，因為人類在失落或壓力大的時候常像這樣發出「呼——」的聲音，人類把這種聲音稱為「嘆氣」。……話說回來，其實我一直都想問，「消沉」到底是什麼意思啊？

給飼主的話 基本上我們狗狗都是樂天派！幾乎不會「消沉」。即使偶爾發發脾氣，也會馬上恢復精神，請飼主不用太擔心。但若遭遇恐怖的經驗，我們可是會記得很清楚的喔。

追上去就逃跑，為什麼啊？

#行動 #追自己的尾巴

請睜大眼睛看仔細，這是你的尾巴啊

你今天也轉得很勤快呢！你忘記昨天也像這樣轉圈圈了嗎？你拼命在追的東西，其實是你自己的尾巴呀！我小時候也常把尾巴錯認是球，拼命追著它跑。呵呵，看來這是每隻狗狗的必經之路呢。有些狗狗為了吸引飼主的目光，即使知道那是自己的尾巴，也會繼續追著跑，有些厲害的狗狗甚至真的能咬到自己的尾巴。今天你的身體也繞了個漂亮的圈圈呢！

給飼主的話 站在旁邊看好戲的你，這件事非同小可喔！狗狗追著自己的尾巴跑，代表牠已經鬧到發慌了。雖然追尾巴可以消除壓力，但絕不是個好方法。別顧著笑了，快跟狗狗一起玩其他遊戲吧！

明明不想睡為什麼一直打哈欠？

#行動 #打哈欠 #安定訊號

受到太多關注就會忍不住打哈欠

這是很正常的反應，並不是只有在想睡覺的時候才會打哈欠，緊張時為了穩定情緒，也有可能會不自覺地打哈欠。畢竟我們狗狗就是非常多才多藝，主人總愛讓我們在他人面前表演才藝，當承受太多期待的目光，導致緊張情緒飆升時，我們就有可能會發出「嗚啊～」的聲音打哈欠。太受矚目也是很辛苦的呢！順帶一提，在狗與狗之間情勢緊張時也可以試著打哈欠，因為你的哈欠絕對能減緩對方的緊張感。

給飼主的話

打哈欠也是106頁介紹的安定訊號之一。每位飼主都希望愛犬能成為焦點，但受到太多關注反而會對狗狗造成壓力。另外，一定要明白打哈欠是個安定訊號，別真的把狗狗帶去睡覺喔！

用屁股磨蹭地板

#行動 #磨蹭屁股

腳太短搔不到，只好直接用屁股磨蹭地板

屁股癢的時候可真困擾，腳跟嘴巴都碰不到。其實這時候只要把屁股貼在地面磨擦就可以了，像這樣左右磨蹭就能暫時紓緩搔癢感。不過，最好還是請飼主幫忙檢查一下，如果只是沾到便便，自己磨掉或許就沒事了，但要是肛門腺堆積太多分泌物，就必須找專業人士幫忙清潔了。我們就邊磨蹭屁股邊祈禱主人能注意到異狀吧！

給飼主的話 狗狗磨蹭屁股是難得一見的畫面，飼主看到或許會大吃一驚，但這也代表狗狗的屁股出問題了。可能是肛門腺堆積太多分泌物，或是有腫瘤、發炎或寄生蟲等！若擠肛門腺後問題還是存在，就必須交由獸醫判斷了。

不知道為什麼就是想吃草！

#行動 #吃草 #吐

代表狗狗的肚子可能不太舒服

我想想，你現在應該是覺得肚子不舒服吧？是不是吃了什麼不容易消化的東西呢？狗狗在肚子不舒服的時候產生想吃草的慾望，是為了幫助身體把不好的東西排出來。雖然我們可以自己找草來吃，但長在路旁的草有可能被人類噴灑除草劑或肥料，不慎吃下肚搞不好會中毒，非常危險。最好請飼主準備無農藥的乾淨食用草，或是到醫院看醫生詳細檢查。

給飼主的話 造成肚子不適的原因包括暴飲暴食和消化不良等，飼主務必謹慎管理狗狗的飲食。雖然狗狗會自行判斷哪些草能食用，但若放任狗狗在散步時亂吃，恐不慎吃到噴有藥劑的草。若持續出現腹瀉或嘔吐症狀，一定要盡快送醫。

Column

簡單的身體健康檢查

出於本能，狗狗習慣隱藏身體的不適感，但身體不舒服時一定要盡早處理。請檢查自己的身體有無異樣，及早發現造成不適的源頭。

眼睛或耳朵會不會癢

若眼屎變多或耳朵冒出異味，可能是患了眼睛或耳朵的疾病。請確認眼珠是否清澈。

不像平常那樣精神滿滿

身體沉重、活動力降低時必須特別注意，這可能是疾病的初期症狀。

有沒有掉毛或皮膚出現異樣

明明有認真保養，被毛卻乾燥無光澤，正是身體狀況出問題的警訊。若出現皮屑則有可能是患了皮膚炎。

會不會覺得呼吸困難？

若出現咳嗽、打噴嚏、呼吸困難等症狀，可能是罹患了呼吸系統疾病。也有可能是中暑了，必須特別注意。

有沒有口臭，牙齒會不會痛

蛀牙可能會造成口臭。若發現口水的量特別多或牙齦變色，則有可能是牙周病等疾病。

排泄物的狀態是否正常

便便和尿尿是健康狀態的指標。若份量、次數、顏色等異於平常，代表可能罹患了消化系統相關疾病。

自己也搞不清楚的時候，就請飼主幫忙確認吧！

總覺得耳朵怪怪的

#行動 #甩頭

是不是有東西跑進耳朵裡了？用力甩頭看看吧

有時候會覺得耳朵怪怪的，可能是散步時小草或蟲子跑進耳朵裡，或洗澡時水流進耳朵裡，這時候通常只要甩甩頭就能把異物甩出來了。甩頭後還是覺得很癢？讓我瞧瞧，耳朵借我一下。嗯，好像有怪怪的味道呢，這說不定是一種名叫外耳炎的耳朵疾病。我也束手無策，只能請你多甩幾次頭，讓飼主發現你的「耳朵在癢」，這樣他就會帶你去看醫生囉！

給飼主的話 垂耳狗的耳朵不通風，特別容易藏污納垢，最好定期到醫院健康檢查或到美容沙龍清潔。飼主平常也可以在家裡用沾乳液的棉花棒幫愛犬清潔耳朵。

彎曲前腳的時候主人會很擔心

#行動 #彎曲前腳

飼主似乎會擔心我們的關節會不會痛

有很多狗狗跟你一樣覺得彎曲前腳的姿勢很舒服，自己舒服當然最重要，但飼主看到你這副模樣可能會很擔心，因為你把關節大幅度彎曲，光用看的就覺得很痛……。貓咪會在覺得冷的時候會把前腳彎起來藏在身體下方，防止體溫降低。我也曾問過我的恩師，為什麼狗狗會習慣把前腳彎起來，但目前似乎還找不到明確的答案。

給飼主的話 看到狗狗彎曲雙腿，代表牠可能正感到寒冷；若只有彎曲單腿，代表對牠來說這可能是比較舒適的姿勢。無論如何，這些姿勢都不會造成關節痛，飼主大可不必擔心。

看到會動的東西就想追上去

#行動 #追逐

這是我們與生俱來的本能

邊境牧羊犬先生，你不需要這麼煩惱啦！過去我們狗狗還在野外生活的時候，隨時都需要追趕或捕捉獵物，看到會動的東西當然會想追上去啊！更何況邊境牧羊犬等牧羊犬是屬於引導羊群或牛群的領頭犬，這種本能當然會比其他狗狗還要明顯，就算飼主叫你「不要亂追」，你也不可能按耐得住。尤其是看到從身旁駛過的自行車時，你應該會覺得特別興奮吧？連騎士的衣服都在隨風飄動，彷彿像在叫我們「快追上去」。

給飼主的話 這種狗狗的本能在現代社會中反而有點麻煩，一不小心就有可能引起「散步時追逐從眼前駛過的自行車，飛奔到大馬路上」的事故。散步牽繩等同於狗狗的救命繩索，飼主一定要用力握緊！

一不注意就漏尿了？

#心情 #興奮

「開心到漏尿」並不是狗狗的錯

狗狗在興奮時難以控制自己的情緒，在這種狀態之下，難免會無意識地排出尿液，也就是所謂的「開心到漏尿」。或許你會為此感到懊惱，但這絕對不是你的錯，不用太擔心。事實上，「開心到漏尿」也是屬於安定訊號（106頁）之一，是身體為了穩定情緒而在無意識間產生的反應，不用覺得自己犯錯而感到沮喪喔！

給飼主的話 飼主回家時狗狗經常會「開心到漏尿」，因為狗狗看到飼主太開心了，按耐不住興奮情緒。這時候飼主請不要跟著一起嗨，也不要演一齣「感動的再會」，而是要狠下心等狗狗冷靜下來（75頁）。

絕不會把戰利品讓給任何人！

#行動 #不會把玩具讓給別人

有時候可以用以物易物的方式妥協

你嘴裡咬著的那個東西，似乎是個很棒的玩具呢！你說你每次把主人丟給你的東西撿起來後，主人都想把它搶回去？我明白你的心情，人類真的很喜歡叫我們把到手的戰利品還回去，我們一定要堅決反對。不過，其實飼主似乎只是想用這個玩具跟你一起玩耍，只要乖乖還回去，就有機會獲得等價的小點心，你不妨抱持著以物易物的心態，乖乖妥協吧！

給飼主的話 就算沒有給予等值的小點心，也會乖乖把玩具還給飼主的狗狗，應該是認為「你丟我接」這個動作本身就跟玩具擁有同等的價值。飼主可以制定「丟接十次並吃小點心後就結束遊戲」等規矩，不要讓狗狗的努力白費。

我可以把主人的膝蓋當成下巴墊嗎？

#狗與人 #把下巴放在膝蓋上

可愛最重要，盡情把下巴放在飼主的膝蓋上吧！

稍微休息一下吧～你有把下巴放在飼主的膝蓋上過嗎？我每次把下巴放到飼主的膝蓋上後，他就會開始摸摸我，然後二話不說進入恩愛的兩人世界～！先不說我了，把膝蓋放到飼主的膝蓋上絕對是個正確的舉動！因為實在太可愛啦！擺出賞心悅目的可愛模樣，也是我們狗狗的重要使命喔。看著懶洋洋的狗狗，飼主也會跟著放鬆，這就是所謂的一舉兩得呢！

給飼主的話 跟狗狗培養感情固然重要，但若寵過頭，可能會讓狗狗養成飼主不在身邊就容易不安的性格。平常就應該找時間讓狗狗獨處，讓牠明白飼主並非二十四小時都會在身邊。

我很喜歡仰睡的說

#生活 #睡姿

這是狗狗安心的證據

竟然能看到狗狗露肚肚睡覺的模樣，這位主人還真是幸福呢～毫無骨骼保護的腹部是我們狗狗的重要部位，基本上我們在進入毫無防備的睡眠狀態時，絕對會把肚子藏起來。若發現狗狗大剌剌露出肚子睡覺，代表牠認定周圍沒有敵人，是牠安心放鬆的證據，這全是飼主的功勞♡不過，長時間仰睡可能會導致腰痛，還是要多注意喔。其實不需要我多嘴，你自己睡到不舒服的時候應該就會自動換姿勢啦！

給飼主的話 飼主能從狗狗的睡姿獲得許多情報。就算沒有完全仰躺，只要四肢放鬆伸展，也是狗狗正處於安心狀態的證據；若趴睡或身體明顯僵硬，則有可能正處於警戒狀態。

Column

你的睡姿沒問題嗎？

你有注意過自己平常睡覺時的姿勢嗎？令人驚訝的是，睡姿會反映出你當下的心情。我們無法確認自己的睡姿，請飼主告訴我們吧！

伸展四肢入睡

用這種無法立刻站起來的姿勢睡覺，正是你超級放鬆的證據。

趴著入睡

在稍微警戒的狀態下入睡時，容易維持這種方便迅速撐起身體的趴睡姿勢。

縮成一團入睡

把身體縮成一團是為了維持體溫。說不定是床鋪太冷了。

有時候只是想在沙發上打個盹，結果卻在不知不覺中擺出奇怪的睡姿……。主人也會用「你剛才睡到翻白眼了」之類的話開我玩笑，但這正是我放鬆入睡的證據啊！

一邊排泄一邊往前走……

#生活 #排泄

這是為了避免弄髒自己的身體，不用害羞也沒關係啦！

便便時維持排便姿勢往前挪動一兩步，不小心跨太大步還會跌出廁所……。你應該也有過類似經驗吧？這是我們狗狗為了避免排泄物弄髒被毛而養成的習性，不用覺得害羞，光明正大地向前移動就可以了！不知道你有沒有發現，為了避免尿尿沾到自己的毛，我們也會在無意識間挑選吸水性良好的地方（85頁）排尿。我們狗狗可是很愛乾淨的動物呢！

給飼主的話 若狗狗在室內排泄時也習慣往前走，最好把廁所整個圍起來。飼主們可以裝設廁所專用的圍欄，但由於狗狗不喜歡廁所離床鋪太近，所以記得把圍欄設在遠離床鋪的位置。

上完廁所後留下自己的味道

#行動 #用沙蓋住？

讓味道更加擴散，提升自己的存在感！

尿尿或便便後「刷刷刷」地用後腳踢擊地面，你真是個有主見的孩子呢！由於這個動作跟貓咪用沙土掩埋排泄物有幾分類似，因此人類常誤以為狗狗這麼做的目的是「想掩蓋尿尿或便便」，但其實狗狗只是為了把腳底的汗抹到地面上，在該處留下自己的味道而已。簡單來說，這是一種做記號的方式。不過，在有沙土的地方踢地時，會導致塵土飛揚，而且影響範圍意外地廣，一定要特別留意周圍才行喔！

給飼主的話 狗狗通常會在戶外，也就是非自己勢力範圍的地方留下味道。或許飼主會覺得讓狗狗留下味道也無所謂，但散步時還是要尊重人類社會的禮節，發現狗狗尿尿後別忘了用水沖乾淨。

又得洗一次了

啊！
這裡的味道好像很讚！
呀哈———
好開心！
只要像這樣全身沾滿味道！
太棒啦！
這樣一來隨時都能享受這股好味道了！
淋浴——

已經不行了

總覺得好想吃草……
難道是吃壞肚子了嗎……？
這時候只要吃飼主種的草就行了！
啊！對耶！
嚼
嚼
嚼
嚼
嚼
好像變得更不舒服了……
你應該是吃太多了吧

5章

身體的祕密

本章要跟大家介紹狗狗身體的祕密。
我們的身體其實超厲害的！

尾巴會擅自動起來！

#身體 #尾巴在動 #興奮

因為你正處於亢奮狀態吧？

難道你從來沒發現自己的尾巴會動嗎？尾巴能反映出我們當下的心情，開心等情緒亢奮時尾巴會動來動去，害怕或產生敵意等情緒亢奮時尾巴同樣也會動起來。多數飼主都以為「狗狗搖尾巴代表牠覺得開心」，真是樂觀的想法呢！其實狗狗生氣的時候也有可能會搖尾巴，請觀察狗狗的表情和動作後再做判斷。

給飼主的話 「亢奮不等於開心」，請飼主不要誤會了。就算尾巴正在動，若腰部往內縮，或出聲吠叫，代表狗狗可能正感到害怕。飼主絕對不能妄下定論，以為「狗狗搖尾巴就代表牠心情好」。

Column

尾巴是情緒的指標

尾巴會隨著情緒變化無意識地活動，是我們的情緒指標。只要觀察尾巴的動作，就能推測狗狗的心情喔！

直挺挺豎立

代表對眼前的東西有興趣，處於好奇心旺盛的狀態

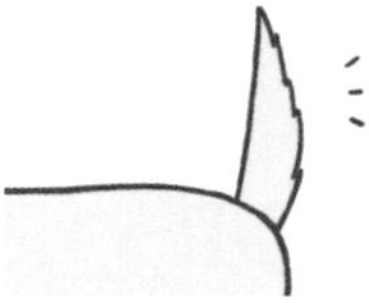

繞著圈打轉

玩心大開！開心到情緒超嗨。

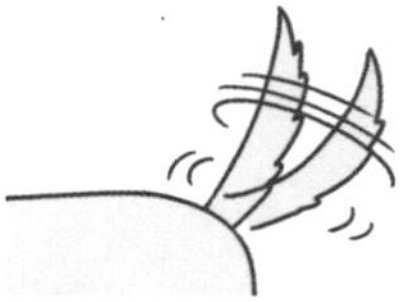

垂到較低的位置

觀察周遭動靜，出現不好的預感時的狀態。

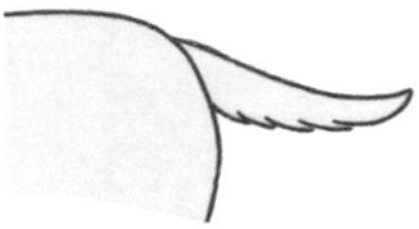

微微顫抖

尾巴微微顫抖代表正在警戒。也有可能是正在緊張。

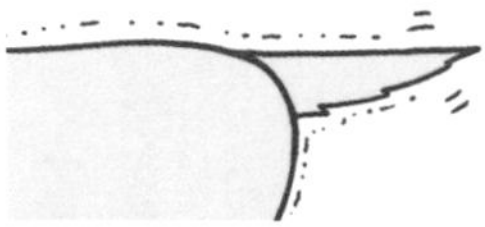

每種狗狗的尾巴形狀都不同，最常見的是如直羽毛般，毛往下垂的形狀，名為「飾尾」。其他形狀還有常見於柴犬的「卷尾」，以及中間有弧度、常見於吉娃娃和哈士奇的「鐮尾」等。

我們看不到近在眼前的東西

#身體 #視覺

看不見的時候改用鼻子聞，可以收集味道情報

看不到近在眼前的球，一直在球附近團團轉，這應該是狗狗常遇到的問題吧！我們狗狗的眼睛是「狩獵專用」，能清楚看見遠方，動態視力絕佳，卻難以近距離對焦。但別忘了，我們還有靈敏的鼻子，光用聞的就能判斷絕大多數的情報了。散步時腳邊散落著大量看不見的情報，只要低頭聞一聞，就能知道誰曾經走過這條路了！

給飼主的話 狗狗之所以能憑味道判斷情報，應歸功於過去的實際經驗。例如：「玩得很嗨的地方的味道」、「超苦的地毯的味道」等。今後也請盡量多讓狗狗接觸不同的味道，幫助牠多學習。

從牆壁後面傳來食物的聲音

#行動 #盯著牆壁

我們的聽力比人類優秀太多了

瞧你像這樣一直盯著牆壁看，會把飼主嚇到喔！雖然我知道你不是在看，而是在用耳朵聽，但人類的聽力只有狗狗的四分之一到十分之一而已，現在飼主完全聽不到隔壁人家打開塑膠袋的聲音，更不會想到你在聽了這個聲音後覺得「肚子餓了」。你是立耳狗，能清楚聽見從遠方傳來的聲音，聽說垂耳狗比較擅長聽近處的聲音。

給飼主的話 當狗狗盯著牆壁看時，飼主十之八九會誤以為狗狗看到幽靈了，雖然無法完全否定這個可能性就是了（笑），但絕大多數的狗狗其實是在聆聽從牆壁另一端傳來的聲音。飼主總喜歡自己嚇自己，真令人困擾。

我舔我舔……舔身體能讓心情平靜♪

#行動 #舔身體 #安定訊號

雖然能平復心情，但舔過頭恐導致皮膚病！

自己的身體、家具的一角、飼主的手掌等，不管舔什麼東西都能讓心情平靜下來，真是不可思議。就像112頁稍微提到的，活動舌頭能穩定心跳次數。啊，所謂的心跳次數就是心臟在一定時間內……咦？太複雜了嗎？簡單來說就是能讓你的心情穩定下來，但要注意絕對不能舔過頭，如果造成皮膚病可是很～痛苦的喔！與其舔自己的身體，不如請飼主準備更有魅力的玩具吧！

給飼主的話 發現狗狗在舔自己的身體時，請想辦法轉移其注意力。這時候可以給牠塞著小點心的葫蘆玩具。狗狗把舌頭來回伸進玩具裡吃小點心，也能得到等同於舔身體的穩定情緒效果。

好熱……

#身體 #伸舌頭 #呼吸急促

伸出舌頭、張大嘴巴，藉此調節體溫吧！

日本的夏天非常炎熱，地面更是燙到讓人受不了……。盛夏的道路簡直是火焰地獄，地表溫度甚至有可能超過六十度。狗狗離地面非常近，能直接感受到從地面傳來的熱氣，外出散步時一定要特別注意。實際上，狗狗身上並沒有能降低體溫的機能，不像人類還能用排汗的方式調節體溫，狗狗只有腳底有汗腺而已（150頁）。因此，請記得張大嘴巴，吸進大量的空氣，想辦法降低體溫！

給飼主的話 狗狗明明沒有運動卻呼吸急促，可能是房間的溫度或濕度太高了。對狗狗來說最舒適的室溫為四十二度左右，理想濕度為百分之四十到六十。此外，狗狗伸出舌頭時很容易口渴，別忘了幫牠準備水喔！

沒辦法好好喝水

#身體 #喝水的方法

用舌頭把水舀起來後吞下去！

無法好好喝水的你，該不會還在用從小用到大的給水器吧？最近有很多狗狗跟你一樣，從小用慣了給水器，反而不懂得用普通的盤子喝水。看好了，狗狗本來就應該用淺盤喝水，像這樣先把舌頭往後捲成像勺子的形狀後，再把水舀起來就行了。光靠這樣單次能喝到的水量很少，最好連同舀水時濺起的水柱也一起入口。不過，不管狗狗的喝水技術再怎麼好，通常還是會把周圍弄濕就是了。

給飼主的話 雖然我說「狗狗應該要用淺盤喝水」，但若飼主打算留狗狗單獨看家，最好還是多放個給水器比較保險，否則萬一狗狗不小心把淺盤打翻，就沒辦法喝水了。

Column

＼ 舀水 ／

只有狗狗有辦法邊喝水邊呼吸！

我們狗狗在喝水的時候也能呼吸耶？這其實是人類辦不到的事喔！狗狗的身體構造跟人類不同，喝水時會厭軟骨不會蓋住氣管。多虧了這種構造，我們就算大口喝水也完全不會覺得痛苦。

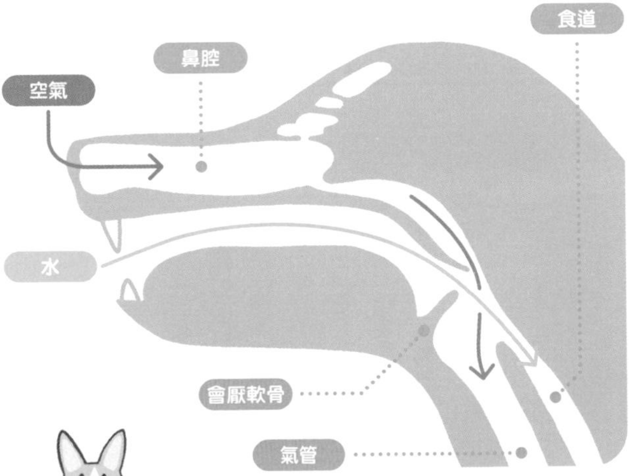

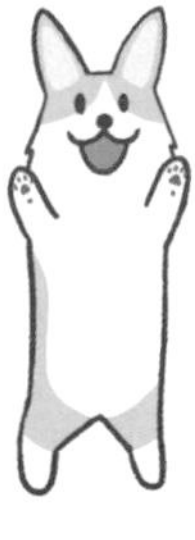

飼主看到狗狗全力衝刺後大口喝水的模樣也許會覺得很擔心，那是因為人類不擅長咕嚕咕嚕地大口喝水啊～

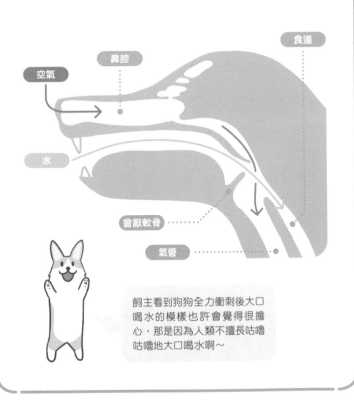

黑色的板子上出現逐幀播放的畫面

#身體 #動態視力

這是一種名叫電視的機器。在人類眼中是會動的影片

這個總能吸引全家人目光的機器叫做「電視」，以前我也很好奇主人為什麼那麼喜歡盯著電視看，直到最近才終於明白，原來電視裡的畫面在飼主眼中是會動的影片。因為我們的動態視力太好了，所以看起來才會像一幕幕逐幀播放的圖片。不過，最近電視影片的製作技術愈來愈先進，已經相當接近狗狗的動態視力，連我們看起來都覺得動作很流暢了。

給飼主的話 最近似乎有很多狗狗能理解電視裡的狗狗跟自己是同樣種類的生物，我也很期待每天早上播放的狗狗節目，但有些狗狗會害怕有狗出現的影像，若發現愛犬感到害怕，一定要馬上關掉電視喔！

外面傳來很大的聲音

#生活 #巨響 #煙火

應該是每年夏天的慣例活動「煙火大會」開始舉辦了

趴在窗邊享受徐徐夜風，沒想到外頭突然傳來巨大的聲響。有些狗狗會因此陷入恐慌，開始擔心：「到底是發生什麼事了？」這陣巨響的真面目其實是「煙火」，聽說煙火在人類世界裡是最符合夏季的景物。真令人困擾啊，我們的聽力比人類敏銳好幾倍，本來就不喜歡太大的聲音，更別說煙火總是一次施放好幾發，實在是太恐怖了。拜託飼主至少在煙火大會的日子把窗戶關緊吧！

給飼主的話 汽車的引擎聲和喇叭聲、施工的聲音、小孩子的叫聲、踢球聲等聲音都很容易嚇到我們，有些陷入恐慌狀態的狗狗甚至會甩開牽繩逃跑……，這種狀況我實在看多了。請飼主重視狗狗不喜歡巨大聲響的習性，盡量多留意。

明明身體健康卻發出痛苦的嘓嘓聲

#身體 #呼吸

這種問題常見於鼻子比其他狗狗還短的「短鼻犬」

身為法國鬥牛犬的你屬於「短鼻犬」，鼻子天生比其他種類的狗狗還短。其他短鼻犬還包括巴戈、西施、波士頓㹴等。短鼻犬的鼻子短，鼻孔面積小，若持續劇烈呼吸，會造成氣管入口處堵塞，造成呼吸時發出嘓嘓聲。也因為如此，短鼻犬不擅長靠呼吸調節體溫，相當怕熱，容易中暑，飼主必須特別小心謹慎。天氣太熱時請趕緊到陰涼處避難吧！

給飼主的話 由於中暑的風險高，因此有些航空公司不載運短鼻犬。此外，短鼻犬的鼻子比其他種類的狗狗還小，在少了鼻子的保護之下，短鼻犬的眼部特別容易患病或受傷。若發現愛犬出現眼淚增多等異狀，請務必立刻帶往動物醫院就診。

鼻子怎麼濕濕的……？

#身體 #鼻子濕 #嗅覺

身體健康的狗狗鼻子一直都是濕的

我們狗狗的鼻子其實非～常的優秀。雖然我們沒辦法仔細觀察自己的鼻子，但近看會發現裡面有大量的小溝槽，這種溝槽名為「鼻鏡」，濕濕的鼻鏡更容易吸附味道成分！多虧了這個構造，我們擁有比人類更敏銳的嗅覺。不僅如此，我們還能從鼻鏡水分的乾燥程度推測當下的風向！鼻子真的非常好用呢♪

給飼主的話 我們只有在睡覺的時候會暫停探測味道。狗狗在睡眠中不必聞味道，鼻鏡也會隨之乾燥。有時狗狗在家裡愜意休息時鼻子也會乾燥，這是牠放鬆的證據，飼主不必過度擔心！

球的差別？……我哪分得出來

#身體 #視覺

狗狗無法像人類一樣辨識顏色和彩度

飼主問你「喜歡哪一個」，讓你覺得很困擾，因為你分不出兩顆球的差異。這是當然的啊！有些顏色我們狗狗並無法辨識，像是「紅色」之類的。我猜你的飼主應該是拿著紅色跟綠色的球讓你挑選吧？殊不知這兩種顏色在我們眼中根本沒有差別～聽說紅色是很受歡迎的項圈色……到底是怎樣的顏色呢？

給飼主的話 沒錯，如果在草地上玩紅色的球，可能會讓狗狗有點辛苦，因為一旦漏看，球就會跟草地融為一體。雖然如此，我們狗狗擁有敏銳的嗅覺，最後一定能把球找出來的。

我難道被討厭了嗎……？

#身體 #視覺

你可能被誤認成「身分不明的大東西」了！

哎呀哎呀，你怎麼愁眉苦臉的呢？你覺得自己被周遭的狗狗們討厭了？真可憐，我想原因應該是出在你的毛色吧！我們狗狗的視力不好，看到一團又黑又大的東西難免會產生恐懼感。你看，你的體型龐大，全身又烏漆墨黑的，搞不好其他狗狗根本不把你當狗呢。先用狗狗才懂的方式邀請其他狗狗一同玩耍吧！你應該知道邀玩動作（42頁）怎麼做吧？

給飼主的話 我曾經在散步時被車燈映照出的巨大倒影嚇到。眼前突然出現巨無霸的東西，真是把我嚇到手足無措。但從樂觀的角度來看，我其實只是超敏感的呢！

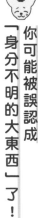

腳底出水啦！

#身體 #肉球出汗

那是汗。肉球是狗狗身上唯一會出汗的地方

站在醫院的診療台上時，整個肉球都變得溼答答的，你應該有過這樣的經驗吧？從腳底冒出來的水其實是你的汗。狗狗在緊張時會流汗，跟人類冒冷汗是同樣的道理。就像前面提過的，狗狗全身上下只有腳底有汗腺，畢竟身體覆蓋著一層厚厚的毛，如果像人類一樣從身體排汗，身上的毛被弄得溼答答的，反而會導致體溫降低。為了避免如此，我們才有了這種只從腳底出汗的身體構造。

給飼主的話 狗狗的體型小，相對容易脫水，天氣炎熱時一定要積極補充水分。反覆急促呼吸和發呆都有可能是中暑的警訊，請飼主一定要仔細觀察狗狗有沒有出現這些行為！

搔抓身體的時候腳會跟著動

#身體 #動腳 #反射反應

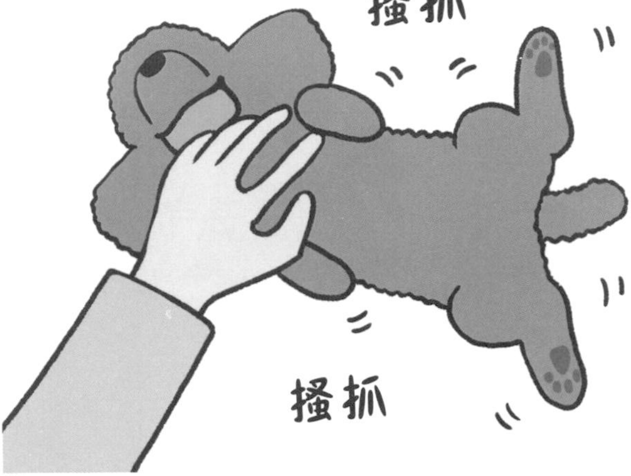

覺得舒服的時候會出現這個反射性動作

好癢但是自己抓不到！聽說人類遇到這種問題的時候會用一種名為「不求人」的道具，真羨慕啊～但其實我們也有祕密武器——「主人的手」。頸部附近和腹部等自己抓不到的地方，就請飼主代勞吧！飼主抓癢跟自己抓癢一樣舒服，抓著抓著我們的腳就不自覺地產生反射反應，無意識地胡亂擺動。不想停止動作就不要勉強，恣意晃動雙腳就行囉！

給飼主的話 不管再怎麼努力也碰不到的身體中央區域，如果飼主能幫忙止癢就好了。希望飼主能像我們平常用後腳搔抓一樣，刷刷刷地幫我們抓癢……。光用想的，腳就不自覺地動起來了！

總覺得焦慮難安

#心情 #焦慮難安

發情時體內的賀爾蒙會失調

儘管出門散步、跟飼主玩耍、吃飯吃飽，還是覺得沒辦法冷靜下來！我們偶爾會遇到這種時期。這種每年出現二～三次的時期，就是飼主口中的「發情期」。你覺得進入發情期時自己好像變得不是自己了？主要原因應該是賀爾蒙失調。這時候情緒會變得比平常更暴躁，還容易跟朋友吵架，因此，發情期時最好不要跟其他狗狗有太多接觸。

給飼主的話 發情中的公狗容易為了爭奪母狗大打出手，若愛犬未結紮一定要特別注意。此外，發情中的母狗散發出的賀爾蒙味道能傳到半徑兩公里遠的範圍，就算附近沒有其他狗狗，也不能忽視發情造成的影響。

總覺得我的毛色好像變了

#身體 #褪色

隨著年齡增長，被毛也會逐漸褪色

看著自豪的美麗被毛失去光彩，你覺得心裡有點不是滋味吧？就像人類老了以後頭髮會變白一樣，我們的毛色也會逐漸變淡，這是老化過程中無可避免的現象。雖然只能放寬心面對，但若飼主有細心幫我們梳理被毛，促進體內血液循環，也許能多少抑制褪色的速度……。不過，畢竟被毛褪色是自然的老化現象，還是不要太在意比較好，想東想西反而容易累積壓力喔！

給飼主的話 雖然老化造成的褪色現象是無可避免的，但飼主依然可以想辦法維持狗狗被毛的光澤度。每天梳毛，定期洗澡，保持被毛的整潔。不讓狗狗累積太多壓力也是重要的保養關鍵。

怎麼開始掉毛……

#身體 #掉毛

這叫做換毛期，也是我們換新衣的時期

會掉毛是因為你即將開始長新毛了，掉毛掉得特別嚴重的時期稱為「換毛期」。在天氣逐漸暖和的春天會長出通風性良好的夏毛；到了日漸寒冷的秋天則會長出保濕性絕佳的冬毛。討厭梳毛的狗狗在換毛期一定要忍耐，乖乖讓飼主梳掉舊毛。

啊，不過聽說最近有些狗狗沒有換毛期，因為現在的狗狗幾乎都生活在溫差不明顯的室內。看來我們狗狗也是有在不斷進化的呢！

給飼主的話 有些品種的狗狗在春～夏季換毛時脫落的毛量非常驚人！如果沒有把脫落的被毛梳掉，皮膚被覆蓋得密不透風，會導致新陳代謝變差。因此，換毛期時一定要頻繁幫愛犬梳理被毛。

Column

有換毛期跟無換毛期的狗狗

狗狗的被毛可分成「雙層毛」跟「單層毛」這兩大類。雙層毛犬的被毛呈雙層構造，上層是保護皮膚的上毛「衛毛」，下層是保濕及保溫的下毛「底毛」。雙層毛犬會在換毛期會一口氣長出底毛，單層毛犬則會在整年間慢慢長毛，沒有所謂的換毛期。

雙層毛犬
吉娃娃
柴犬
黃金獵犬
柯基
單層毛犬
玩具貴賓
約克夏㹴
法國鬥牛犬

單層毛犬還是需要整理被毛，由於沒有明顯的換毛期，因此更應該定期梳理毛髮。

媽媽妳在哪裡～？

#身體 #用鼻子感應溫度

試著用鼻子探測溫度吧！這份溫暖來自你的母親

每隻小狗剛出生時雙眼都是緊閉的，要等到出生約10天後，眼睛才會慢慢睜開。那麼，在這段無法用眼睛看的期間，小狗要如何找尋母親呢？答案是「用鼻子感應」。

剛出生的小狗的鼻子具有類似感應器的功能，即使眼睛看不見，也能感應到母親的溫暖。隨著年齡增長，這種鼻子感應機能會逐漸消失，但等到長大後，就能靠視覺和嗅覺尋找飼主了。

給飼主的話 剛出生的小狗不僅沒有視覺，連聽覺也還不敏銳，唯一具備的機能是鼻子的感應力。母親和兄弟姊妹的體溫、牛奶的氣味等，這些溫度與味道的情報，是每隻狗狗出生後最早學習到的東西。

好香的味道！口水都流下來啦！

#身體 #口水

回憶起大餐的可口滋味，口水都要流出來啦

美食當前，垂涎三尺在所難免。這是自己無法控制的生理現象，就讓口水盡情地往下滴吧！咦？你怕會弄髒地板？別管這麼多啦～！誰叫主人叫你在大餐面前「等一下」，這是他的問題啦！你就使勁地流口水，在地上積成一攤也沒關係。話說回來，主人啊，你還不說「好了」嗎？一直故意不說好戲弄我們，我們已經覺得很煩了。……啊，看著看著連我的口水都要滴下來了！

給飼主的話 我們在判斷食物的美味程度時，通常會憑氣味決定，而非實際嘗起來的味道。因此，我們比較偏好香氣四溢的食物。把乾式飼料用熱水泡軟，或是放上水煮雞胸肉，就能立刻變身成狗狗眼中的美味大餐！

我搞不好很適合當大胃王

#身體 #在肚子儲存食物

在肚子儲存食物是我們從野生時代延續至今的本能

你說的沒錯，在我們狗狗的字典裡並沒有「留下食物」這句話。「把眼前能吃的東西通通吃光」是我們吃東西的鐵則。家犬過著富足的生活，就算不出門覓食也天天有飯吃，但對野狗來說，二～三日無法進食是很正常的狀況，因此養成了逼迫自己把食物儲存在肚子裡的習性。話說回來，大胃王把食物吐出來是正常的嗎？像這樣吃到吐還硬要吃的動物，全世界大概也只有狗狗了吧。

給飼主的話 狗狗是一種會順從本能「把眼前的食物全部吃光」的動物，飼主一定要精準控管食物的量。此外，若發現狗狗有狼吞虎嚥的現象，可以把飼料塞進有孔的玩具中，想辦法減少狗狗單次吃下肚的份量喔。

Column

來確認狗狗的肥胖度吧

肥胖會對四肢造成負擔，引發感染症的風險也會增加。不僅如此，萬一罹患重大疾病，也有可能因脂肪過多而無法動手術……！為了避免遇到這類問題，請先來檢查自己是否肥胖吧！

只要有任何一個✔，就要開始考慮減肥了。

☐ **頸部、下巴下方**

後頸和下巴下方囤積脂肪，垂下好幾層肥肉。

☐ **尾巴**

坐下時尾巴根部出現脂肪塊。

☐ **腹部**

從上方看不到腹部線條，整個肚子都胖胖的。

☐ **肋骨**

飼主用力按壓也壓不到骨頭，代表堆積了不少脂肪。

貓舌是什麼啊？

#身體 #貓舌

貓舌就是怕燙的意思。連我們狗狗也是貓舌

人類會用「貓舌」來形容怕燙的人。據說「貓舌」一詞是源於貓咪不能吃太燙的東西，但我們狗狗其實也很怕燙。我從以前就覺得很奇怪，人類為什麼不改用「狗舌」這個稱呼呢？

我們之所以會怕燙的食物，是因為過去在野外求生時，幾乎沒吃過比動物體溫還熱的食物。畢竟狗狗不像人類一樣懂得用火烹煮食物，怕燙也是理所當然的啊！

給飼主的話 我知道有很多飼主喜歡把飼料泡軟或另外加湯汁，但這時候記得要把食物的溫度降到人體溫度左右喔！聞到香噴噴的味道後衝過來大快朵頤，結果卻不慎燙傷舌頭，狗狗可能會因此變得害怕吃飯喔……

吃膩是什麼意思啊？

#生活 #用餐

人類是奢侈的動物，每天吃一樣的東西會覺得膩

等等，這也太令人震驚了吧？竟然不喜歡天天吃一樣的東西，人類到底有多奢侈啊……。反觀我們狗狗，就算每天的飯菜都一樣也甘之如飴，在意這種小事實在太沒意思了。而且如果哪天端出來的東西突然變了，狗狗或許還會感到狐疑，覺得食物「怎麼跟平常不一樣？」。如果發現飼主正在擔心你吃膩，別忘了這麼跟他說——「與其絞盡腦汁想新菜單，倒不如多給我一點雞胸肉♡」。

給飼主的話

我們狗狗的理想飯量會依照年齡、性別、代謝等因素產生變化。飼主最好不要完全參考包裝上的建議份量，視情況幫超出標準體重的狗狗減少飯量等，尋找最適合愛犬的份量。

辣是什麼味道啊？

#身體 #味覺

根據飼主的說法，辣是一種會讓舌頭發麻的味道

狗狗幾乎感受不到人類所謂的「辣味」。狗舌的痛覺神經原本就不如人類發達，對「辣」的感覺更是遲鈍。狗狗對辣味不敏感的原因應該是因為辣椒所含的成分會對健康造成危害，再加上身體不需要攝取如此大量的鹽分，所以自然形成了不必感受辣味的舌頭構造。聽到飼主喊「啊～好想吃辣的東西！」時，你絕對不能抱持著「試吃一口就好」的心態跟著吃喔！

給飼主的話 辣椒裡的辣椒素成分會對狗狗的腸胃造成極大的負擔（93頁），嚴重時恐惡化成腸胃炎……。雖然我們狗狗對所有食物都興致勃勃，但飼主絕對不能給我們吃任何會刺激腸胃的「辣味食物」喔！

#身體 #跑得快

主人你跑得好慢啊～

雖然你只是在暖身，但飼主已經用盡全力了

跟飼主玩你追我跑時，猛然回頭發現飼主已經氣喘吁吁了，這種狀況應該很常見。雖然你只用了相當於暖身運動的速度，但我相信飼主為了追上你，肯定已經用盡全力奔跑了。狗狗的跑步速度和體力都勝過人類好幾倍，人類跑一百公尺的世界最快紀錄是九點五八秒（時速三十七點六公里），相較於此，有些狗狗奔跑的速度甚至可以達到時速七十公里左右。沒想到我們竟然有比敬愛的飼主還厲害的地方，總覺得有點開心呢！

給飼主的話 事實上，狗狗的體力也有個體差異，最好的參考指標就是運動後呼吸速度的變化。請依照愛犬的呼吸變化判斷適當的運動量。即使做同樣的運動，有無處於亢奮狀態，消耗的體力也會不同。

中場休息

不同的煙火

學不會喝水

6章

狗狗雜學

介紹大量會忍不住想跟人分享的冷知識。
說不定能藉此拓展人際關係喔？

我們的祖先是誰呢？

#雜學 #祖先

我們的祖先可是狼呢！

據說我們狗狗的祖先是馴化成家畜的狼。這麼說起來，狗狗銳利的眼神、柔軟的尾巴和帥氣的氛圍，確實都跟狼非常相似呢！

以前曾有美國的科學家調查85種狗狗的遺傳基因，比較狗與狼的基因相似度，結果發現基因跟狼最接近的狗狗是柴犬！這位柴犬先生，恭喜你，你可以抬頭挺胸炫耀一番囉！

給飼主的話 狼究竟是在何時，又是以怎樣的形式演化成狗的呢？雖然眾說紛紜，但唯一能確定的是，根據ＤＮＡ調查結果顯示，狼至少花了13萬年以上才演化成狗！看來狗狗的誕生是經過漫長的歲月演變而來的呢！

狗狗從以前就住在日本了嗎？

#雜學 #歷史

狗狗已經在日本生活七千年以上了！

狗狗早在七千多年前就已經來到日本。人們在繩文時代的遺跡中發現疑似狗狗的墳墓，由此可推知狗狗應從繩文時代就已經跟人類一起生活。當時的狗狗被稱為「繩文犬」，功能類似看門犬，主要負責看守火源，以及在遇到危險狀況時通知聚落，藉此換取食物酬勞。真不愧是我們狗狗的祖先，從遠古時代就這麼精明能幹了！

給飼主的話 從很久以前開始，狗狗就是人類重要的夥伴。江戶時期第五代將軍德川綱吉，就因為對狗過度癡狂而造成百姓們的困擾。其他像聖德太子、藤原道長、西鄉隆盛等人，也都是知名的愛狗人士呢。

我想做能幫助別人的工作

#雜學 #工作

有些狗狗成了活躍的導盲犬、導聾犬、警犬

想利用狗狗的優勢幫助人類，真是偉大的志向，你的飼主應該也會以你為榮吧！有些跟你同樣屬於黃金獵犬的狗狗，就因此成了導盲犬，正在職場上大顯身手。導盲犬的主要工作是幫助看不見的人，帶領他們安全行走。除了導盲犬以外，有些狗狗還利用敏銳的聽覺和運動能力當上警犬，或是利用優秀的嗅覺當上災害救援犬等。同樣身為狗狗的我，也感到與有榮焉呢！

給飼主的話 導盲犬和導聾犬到了一定的年齡就必須退休，之後由義工家庭負責收養，開始新的生活。正因為有如此完善的支援體制，狗狗才有辦法成為人類的助力。

Column

狗狗的工作經歷

雖然我們從很久以前就跟人類一起生活，但隨著時間流逝，我們的工作內容也一點一滴地出現改變。

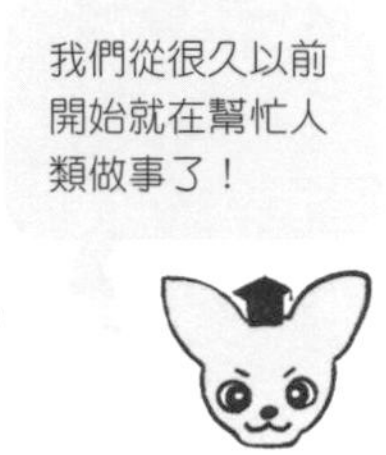

古代

這個時代的狗狗主要負責看守作物、追捕老鼠和保護火源等。

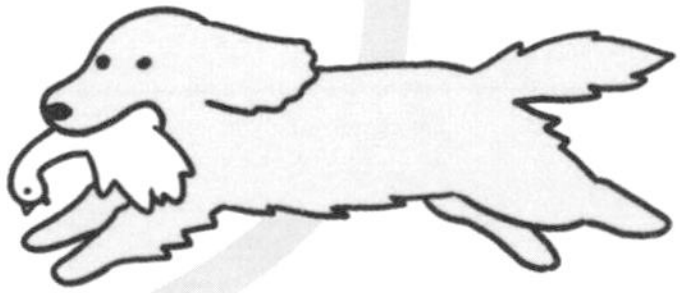

中世～近世

中世的狗狗主要擔任獵犬，幫助人類狩獵。到了近世，在1896（明治29）年，警犬首度於德國登場。

現代

狗狗的工作內容變得多元化。除了導盲犬和導聾犬以外，還出現了店狗、車站看板犬等擔任各種職位的狗狗。

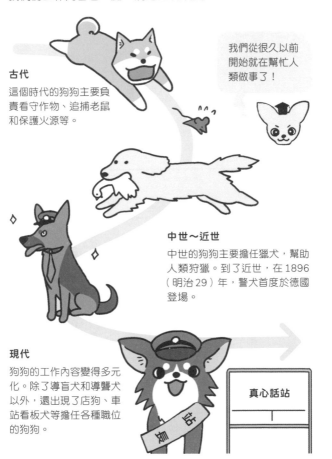

這種造型很時髦嗎？

#雜學 #造型

這種貴賓狗造型源於水獵犬時代

雖然這種貴賓狗造型現在已經愈來愈罕見，但提到貴賓狗時，一般人通常還是會直接聯想到這副模樣。大家知道這種貴賓狗造型是怎麼誕生的嗎？貴賓狗原本是水獵犬，重視水邊活動的敏捷度。因此，飼主為了讓貴賓狗能在水中更靈敏地活動，會將其身上大部分的毛剃掉，只留下頭部、關節、腹部等處的毛，以保護重要部位，而這種造型就成了日後人們口中的貴賓狗造型。以前的飼主不太在意狗狗的外觀美醜，只重視其工作效率。

給飼主的話 相信很多飼主都喜歡幫愛犬剪可愛的造型，享受幫狗狗打扮的樂趣。雖然修剪被毛是重要的保養程序，但絕對不可以幫狗狗染毛或燙毛，否則容易傷害到皮膚或被毛。

我有辦法一個人回家嗎……？

#雜學 #回家

有些狗狗甚至能從離家一百多公里遠的地方獨自走回家！

如果在散步的時候不小心走失了怎麼辦？……會擔心這種問題的你，個性有點膽小呢。有些動物天生具有「歸巢本能」，但我們狗狗究竟有沒有歸巢本能呢？很遺憾地，這個問題目前尚未得到解答。

不過，在世界各地都有狗狗憑一己之力順利回家的實例。之前美國有隻狗狗在離家一百公里遠的地方走失，沒想到幾天後牠竟然在住家附近現身！真是一隻記憶力過人的狗狗呢。

給飼主的話 只要在愛犬體內植入能辨別身分的晶片，就能請保健所或動物醫院用專門的定位系統追蹤後，通知飼主愛犬的位置。就算愛犬被捲入災害或事故不幸失蹤，也有機會重回飼主身邊。

想長壽到破金氏世界紀錄！

#雜學 #長壽

想辦法活到二十九歲五個月以上吧！

根據金氏世界紀錄，目前全世界活最久的狗狗，是一隻澳洲牧牛犬。牠生於一九一〇年，卒於一九三九年，共活了二十九年五個月。一般來說，中、小型犬活到一歲等於人類的十五歲，之後每活一年約等於人類的五年。由此可推知，換算成人類的年齡後，這隻澳洲牧牛犬的年齡早已超過一百歲。讓我們一起努力打破牠的紀錄吧！

給飼主的話 狗狗的健康需要飼主共同守護。飲食、睡眠、保養、健檢等，全都是維持健康的必要條件。若沒有飼主從旁輔助，狗狗也無能為力。人狗同心，攜手打破金氏世界紀錄吧！

Column

長壽的祕訣

隨著現代飲食觀念的改變及醫療進步，狗狗的平均壽命比以前長了許多，目前的平均壽命約為14.19歲*。根據調查結果顯示，1990年時狗狗的平均壽命為8.6歲，由此可知大家的健康意識逐漸高漲。若想陪伴在飼主身邊更長一段時間，請務必留意以下幾個重點。

正確的飲食生活

用符合年齡的狗飼料當主食。人類的食物含有過量的鹽分和油分，最好不要食用。

適度的運動

每天都要活動身體。運動量不足會造成體力衰弱，成為加速老化的原因。

保養

定期洗澡、理毛、刷牙、清耳朵等，保持身體乾淨。

紓壓

不累積壓力是非常重要的養身祕訣。請尋找最適合自己的紓壓手段。

*出自（一社）寵物食品協會 平成29年全國犬貓飼育實態調查

追球好興奮啊！

#雜學 #喜歡的遊戲

能刺激狗狗野性本能的遊戲能提升興奮感

玩具貴賓犬、拉不拉多犬、美國可卡犬等狗狗在獵犬時代都會負責回收獵物，因此這些狗狗最喜歡玩追球遊戲了。或許是回憶起過去幫人類打獵時的興奮感，追球時會覺得全身熱血沸騰。請飼主陪狗狗盡情玩耍，用狗狗最喜歡的遊戲刺激牠身為獵犬的本能吧！透過遊戲滿足狗狗「想回收獵物」的慾望，能有效幫狗狗消除壓力喔♪

給飼主的話 每種狗狗喜歡的遊戲都不同。獵犬時代負責狩獵獾的臘腸狗在跟飼主玩拉扯遊戲時，也可能會不自覺地認真起來。留意犬種的歷史，有助於找出能刺激狗狗本能的最佳遊戲喲！

Column

犬種別

喜歡的遊戲一覽！

狗狗喜歡的遊戲會依犬種而異，基本上我們最喜歡能發揮自身優勢的遊戲。如果能跟飼主一起玩喜歡的遊戲，開心指數更會瞬間飆升！想辦法讓飼主知道你最喜歡哪些遊戲吧！

你追我跑

過去曾在整座牧場跑透透的牧羊犬，最喜歡跟飼主一起奔跑或追球。

例 邊境牧羊犬、喜樂蒂牧羊犬、柯基犬　等等

尋寶遊戲

有些獵犬喜歡發揮嗅覺尋找或捕捉獵物，這些狗狗最愛玩尋寶遊戲。

例 迷你臘腸犬、米格魯　等等

玩水

曾在水邊幫忙人類狩獵的狗狗很擅長游泳！這些狗狗通常很喜歡玩水。

例 黃金獵犬、玩具貴賓狗等等

就算你突然說要游泳……

#雜學 #狗爬式 #游泳

並非所有的狗狗都會游泳！

有些飼主會自作聰明地認為「既然都有『狗爬式』這種說法了，狗狗會游泳應該很正常吧？」確實，若突然把狗狗丟進水裡，狗狗或許會出於本能開始游狗爬式，但不可否認的是，也有些狗狗並不擅長游泳。有些狗狗連毛被沾濕都怕得要命，更何況全身被水淹沒。如果飼主很堅持想跟你一起玩水，你其實沒必要乖乖順從喔！

給飼主的話 有些狗狗被映照在水中的倒影嚇到後，從此害怕接近水邊。這種恐怖的經驗確實容易造成心理創傷呢！這些狗狗通常也會害怕洗澡。飼主要小心別讓狗狗累積太多壓力，凡事都要謹慎以對（84頁）。

點心的量比平常還多耶！

#雜學 #點心

點心的次數比份量更重要！

點心變多真棒呢～但其實今天飼主只是把平常給你的起司切碎而已，份量完全沒有變……。嗯，雖然不太想大肆張揚，但我們狗狗習慣把眼前所有的食物直接吃下肚（184頁），根本分不清份量的多寡，只會記得送入口中的次數。因此，就算份量不變，只要把點心弄碎後分好幾次給我們，我們同樣會覺得超級滿足。啊，絕對不能讓飼主知道這個小祕密喔！

給飼主的話 若擔心訓練時讓狗狗吃太多小點心，不妨善用這種搞不清楚份量的習性。即使單次少量給予，只要多給幾次，狗狗也會覺得非常滿足！為了訓練變成小胖子，就太得不償失了。

每天的用餐時間都是固定的嗎？

#生活　#用餐時間

用餐時間不固定也沒關係

為什麼飼主看起來一臉愧疚，還頻頻跟我們道歉說：「太晚給你吃飯了，對不起～」呢？原來是因為他今天太晚回來了，給你吃晚餐的時間比平常還晚。但是你有發現今天比較晚吃飯嗎？

對在野外求生的狗狗來說，捕捉到獵物的當下就是用餐時間；對我們家犬來說，飼主端出食物的瞬間就是用餐時間。基本上我們狗狗只要「看到眼前有食物就會開動」，根本不會在意時間早晚啦！

給飼主的話 每天在固定的時間放飯，可能會成為狗狗發出「要求吠叫」的原因，還是不要定時端出食物比較好。但正在接受訓練的幼犬是例外，用餐時間固定才方便管理排泄時間。

狗狗比貓咪更愛吃美食嗎？

#身體 #味覺

能感受到味道的「味蕾」數量比貓咪還多

包含人類在內的所有動物，舌頭上都有能感受味道的「味蕾」。據說味蕾的數量越多，能感受到的味道種類也越多。

貓咪的舌頭上約有八百個味蕾，狗狗的舌頭上有一千七百到一千八百個味蕾，由此可知狗狗能嘗到的味道比貓咪還多很多♪順帶一提，人類的舌頭上約有九千個味蕾，人類果然都是美食家呢～在味覺這方面，我們狗狗完全贏不過人類。

給飼主的話 狗狗的祖先是肉食性動物，長年跟人類一起生活後，逐漸變成雜食性動物。跟其他動物相比，狗狗與人類的關係特別親密，因此演化出接近人類的味覺。說不定哪天狗狗的味覺會變得跟人類一樣好？

我有好多同伴啊！

#雜學 #公認犬種 #同伴

目前世界畜犬聯盟認定的犬種共有三百四十四種！

我們狗狗有非常多同伴。目前*世界畜犬聯盟公認的犬種共有三百四十四種，若加上非公認犬種，據說多達七、八百種。由此可知狗狗的種類非常豐富呢！

順帶一提，狗狗在生物學上的分類屬於「犬科」的「犬屬」，同為犬屬的動物還包括狼、郊狼、胡狼等，看來狗狗的同伴也是很多樣化的呢！

給飼主的話 最近出現愈來愈多品種獨特的混種犬，通常會用雙親的犬種名來命名，像是「瑪爾貴賓（瑪爾濟斯×貴賓犬）」或「吉娃娃臘腸（吉娃娃×臘腸狗）」等，而這些混種狗的犬種名都尚未經過世界畜犬聯盟公認。

*包含育犬協會等畜犬團體在內的組織

Column

你知道嗎？犬種名的由來

你知道犬種的名稱有什麼涵義嗎？一般是取自原產國的地名，或是狗狗外貌的特徵，也有少數特殊名稱。在這裡介紹幾個犬種名稱的由來。

源自狗狗的外貌

蝴蝶犬（Papillon）

Papillon是法文「蝴蝶」的意思。由於蝴蝶犬的三角形耳朵跟蝴蝶十分相似，故得此名。

雪納瑞（Schnauzer）

Schnauzer在德文中是「大鬍子」的意思。由於雪納瑞嘴邊有許多蓬鬆的毛，故得此名。

源自狗狗的職責

臘腸犬（Dachshund）

臘腸犬在過去是負責狩獵獾的狗，因此有了「dachs（獾）hund（狗）」這個名字。

黃金獵犬（Golden Retriever）

黃金獵犬過去負責回收擊落的鳥（retriever），故得此名。

源自地名

吉娃娃（Chihuahua）

直接用原產國墨西哥的奇瓦瓦州來命名。

拉不拉多獵犬（Labrador Retriever）

直接用原產國加拿大的拉不拉多地區來命名。

主人偷懶不帶我去散步！

#生活 #散步

建議你移民到義大利

給我等一下！身為狗主人竟敢偷懶不帶狗狗去散步，真是天理難容！出門散步是所有家犬應得的權利，我們必須極力抗議。義大利的杜林就制定了一條能捍衛狗狗權利的法律，「如果一天當中沒有帶狗狗出門散步三次，將罰款*五百歐元」。義大利真不愧是先進國家呢！如果飼主偷懶偷得太誇張，建議你可以考慮移民到這類都市。

給飼主的話 若飼主沒辦法像杜林人一樣每天散步三次，至少也要早晚各散步一次，若能天天都帶狗狗出門散步當然是最理想的。除了天氣過於炎熱時以外，最好不要等太陽下山後才出門，邊散步邊享受日光浴才是最棒的。

*以1歐元＝130日圓來計算，在2018年等於約6萬5000日圓（約等於1萬7000多台幣）

我不喜歡獨處……

#生活 #孤獨 #壓力

狗狗是群居的動物，容易害怕孤獨

我們狗狗原本就是群居的動物，隨時都有同伴陪在自己身邊，當然不喜歡孤單的感覺。看來你應該是被迫在飼主傍晚下班回家前，長時間獨自看家吧？儘管狗狗看家時大部分的時間都在睡覺，仍然容易在不知不覺間累積壓力，飼主必須特別注意。等到飼主回家後，就把白天的孤單情緒拋諸腦後，跟飼主一起盡情玩耍吧！

給飼主的話 狗狗在狹窄的地方比較容易放鬆，若要留狗獨自看家，建議飼主把牠關在狗籠裡，或用圍欄圍出特定空間。可以直接用圍欄搭蓋出廁所和寢室，也可以把狗籠和圍欄合體，搭蓋出「附庭院（＝廁所）的別墅（＝寢室）」。

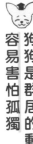

這樣的餐桌禮儀沒問題吧？

#生活 #用餐 #狼吞虎嚥

我們通常都是狼吞虎嚥。這才是狗狗的用餐禮儀！

用餐禮儀確實是個值得深思的問題呢～難道是你沒有細嚼慢嚥，拼命狼吞虎嚥，害飼主看得提心吊膽？但基本上，我們狗狗只要看到眼前有食物就會直接吞下肚。由於我們過去在野外求生時，必須爭先恐後搶奪獵物，因此自然而然省去了咀嚼、咬碎等動作。狗狗在用餐時會分泌大量的口水，讓食物順利滑下食道，請大家放心狼吞虎嚥就對了！

給飼主的話 狗狗的體內會分泌大量的胃液，能消化未經咀嚼就吞下肚的食物。不過，若一下子吃太多過去在野外生活時沒吃過的肉乾和橡膠等，可能會導致消化不良，飼主必須特別注意！

肉球散發著香香的味道

#身體 #肉球 #香氣

這股香氣可能是細菌的味道

你竟然會在意肉球發出來的味道，真是一隻自我意識強烈的狗狗呢！聽說飼主們會用毛豆或爆米花的香氣來形容這股從肉球發出來的味道。然而，肉球產生味道的原因其實跟細菌息息相關。你不用這麼害怕啦，這裡說的細菌在狗狗和人類身上都能找到。當這些細菌跟腳底的汗水或砂土混合後，就會產生獨特的香氣。放心吧，飼主們好像很喜歡這種味道喔！

給飼主的話 意外的是，聽說有很多飼主喜歡狗狗肉球的味道。不過，如果味道太濃烈，搞不好是皮膚發炎或受傷了。肉球特別容易藏污納垢，散步回家後一定要仔細清潔，隨時保持乾淨。

用○或×來回答吧

犬學測驗 －後篇－

InuGaku Test

接續前篇內容，來回顧4～6章的內容。
想辦法得到滿分！

第 1 問　可以自行控制尾巴的動作　[　　　]　→答案、解說 P.136

第 2 問　下水後會游泳是理所當然的　[　　　]　→答案、解說 P.176

第 3 問　會細嚼慢嚥後才把食物吞下去　[　　　]　→答案、解說 P.184

第 4 問　就算不想睡也有可能會打哈欠　[　　　]　→答案、解說 P.120

第 5 問　邊排泄邊移動是為了站穩　[　　　]　→答案、解說 P.132

第 6 問　擅長區分不同的顏色　[　　　]　→答案、解說 P.148

第 7 問　基本上會把眼前的食物全部吃光　[　　　]　→答案、解說 P.158

第 8 問　消沉時會發出嘆氣聲　[　　　]　→答案、解說 P.118

第9問　仰躺熟睡是安心入睡的證據　[　　　]　→答案、解說 P.130

第10問　狗狗是在江戶時代來到日本　[　　　]　→答案、解說 P.167

第11問　天生的毛色不會改變　[　　　]　→答案、解說 P.153

第12問　炎熱時會流汗降低體溫　[　　　]　→答案、解說 P.141

第13問　給點心時少量多次能提升滿足感　[　　　]　→答案、解說 P.177

第14問　不喜歡會傳出巨大聲響的地方　[　　　]　→答案、解說 P.145

第15問　磨蹭屁股是想受到矚目　[　　　]　→答案、解說 P.121

答對11～15題

太棒了！你真是犬中之犬！有機會成為狗狗老師喔。

答對6～10題

真可惜，再重新複習一次，肯定能拿到滿分！

答對0～5題

我上課的時候你都在打盹吧？被我發現了……

INDEX

#行動

#狗與狗

#狗與人

#心情

#生活

#雜學

監修 **井原 亮**

SKYWAN！DOG SCHOOL代表。寵物狗教育講師。活動範圍遍及狗狗保育園、到府授課、小狗派對、教育研討會等。活用曾在專門學校授課的經驗，盡全力栽培狗狗訓練師。監修書籍有《シバイヌ主義》（大泉書店）等眾多相關書籍。

插畫 **みずしな孝之**

作品以4格漫畫、短篇漫畫為主的人氣漫畫家。作品《いとしのムーコ》目前正在《イブニング》（講談社）連載中。

封面・內文設計	細山田デザイン事務所（室田 潤）
DTP	長谷川慎一
執筆協力	高島直子
編集協力	株式会社スリーシーズン（松下郁美、朽木 彩）

出　　版／楓葉社文化事業有限公司
地　　址／新北市板橋區信義路163巷3號10樓
郵政劃撥／19907596 楓書坊文化出版社
網　　址／www.maplebook.com.tw
電　　話／02-2957-6096
傳　　真／02-2957-6435
翻　　譯／張翡臻
責任編輯／謝宥融
內文排版／楊亞容
港澳經銷／泛華發行代理有限公司
定　　價／300元
出版日期／2019年8月

國家圖書館出版品預行編目資料

狗狗想的跟你不一樣! / 井原亮監修 ;
張翡臻翻譯. -- 初版. -- 新北市 : 楓葉
社文化, 2019.08　面 ;　公分

ISBN 978-986-370-200-9（平裝）

1. 犬 2. 寵物飼養

437.354　　108008944